ZEITSCHRIFT FÜR ANGEWANDTE GEOLOGIE

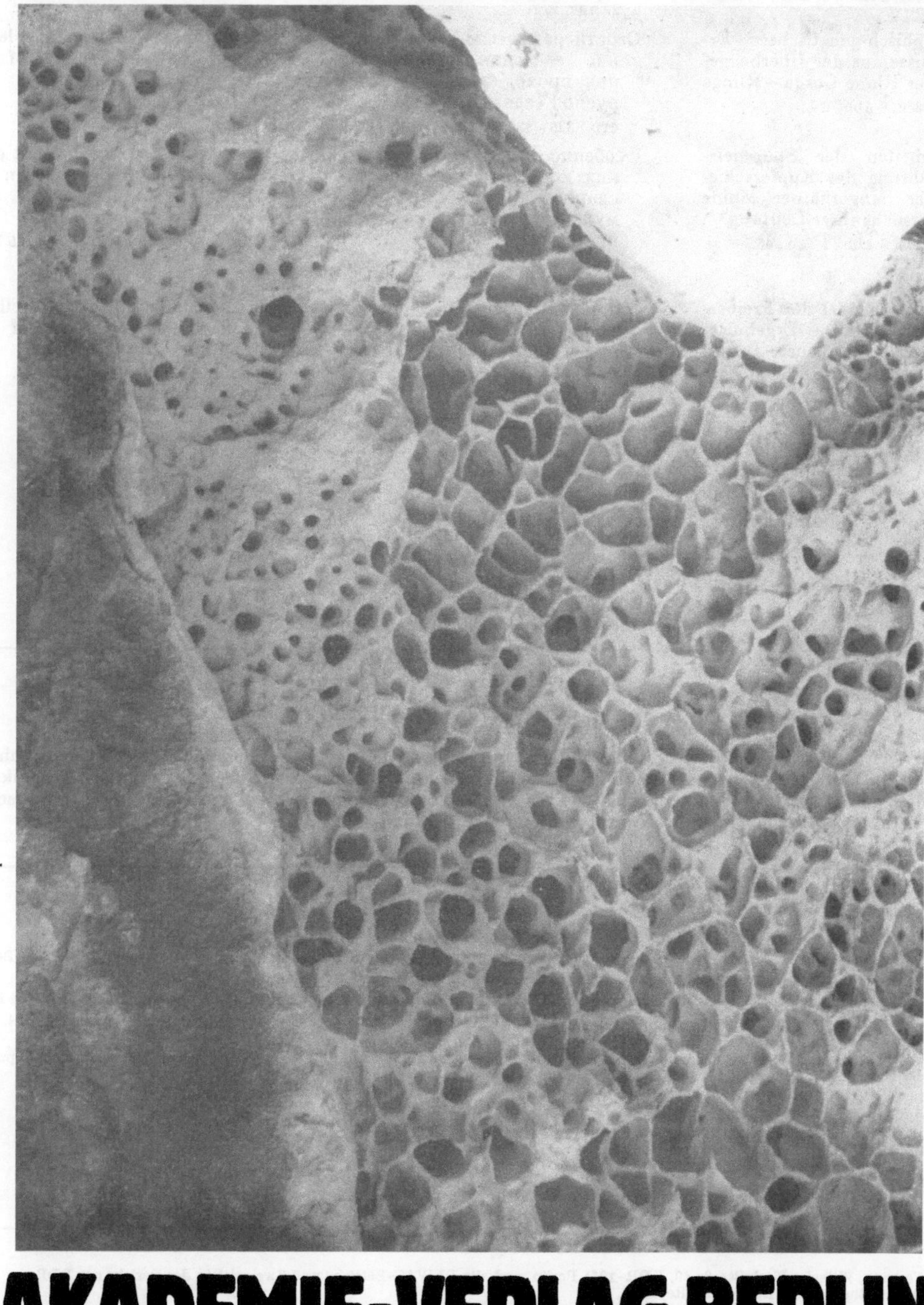

11

BAND 34
NOVEMBER 1988

ISSN 0044-2259
Z. angew. Geol., Berlin
34 (1988) 11, 321–352

Herausgeber:
Zentrales
Geologisches
Institut

AKADEMIE-VERLAG BERLIN

Zeitschrift für angewandte Geologie

BAND 34 1988 **HEFT 11**

	INHALT	СОДЕРЖАНИЕ	CONTENTS

Zeitschrift für angewandte Geologie is indexed in Current Contents / PC & ES.

Titelbild:
Wabenverwitterung, Apscheron — Kalksandstein, Kobystan/Az. SSR
Aufnahme: P. G. Dietrich, Freiberg

Die ZEITSCHRIFT FÜR ANGEWANDTE GEOLOGIE berichtet ständig über folgende Arbeitsgebiete: Geologische Grundlagenforschung und Lagerstättenforschung / Methodik der geologischen Erkundung / Ökonomie und Planung der geologischen Erkundung / Technik der geologischen Erkundung / Geologie und Lagerstättenkunde im Ausland. In der Zeitschrift können alle strittigen Fragen der praktischen Geologie behandelt werden. Die Autoren übernehmen für ihre Aufsätze die übliche Verantwortung.

Bezugsmöglichkeiten der „Zeitschrift für angewandte Geologie"

Bestellungen sind zu richten

- **in der DDR** an den Postzeitungsvertrieb unter Angabe der Kundennummer des Bestellenden oder an den Akademie-Verlag Berlin, Leipziger Straße 3–4, DDR-1086 Berlin;
- **im sozialistischen Ausland** an eine Buchhandlung für fremdsprachige Literatur oder an den zuständigen Postzeitungsvertrieb;
- **in der BRD und Berlin (West)** an eine Buchhandlung oder an die Auslieferungsstelle KUNST und WISSEN, Erich Bieber oHG, Postfach 102844, D-7000 Stuttgart 10;
- **in den übrigen westeuropäischen Ländern** an eine Buchhandlung oder an die Auslieferungsstelle KUNST und WISSEN, Erich Bieber GmbH, General Wille-Straße 4, CH-8002 Zürich;
- **im übrigen Ausland** an den Internationalen Buch- und Zeitschriftenhandel; den Buchexport, Volkseigener Außenhandelsbetrieb der Deutschen Demokratischen Republik, Postfach 160, DDR-7010 Leipzig, oder an den Akademie-Verlag Berlin, Leipziger Straße 3–4, DDR-1086 Berlin.

Zeitschrift für angewandte Geologie
Herausgeber: Zentrales Geologisches Institut, Berlin, im Auftrag des Ministeriums für Geologie der Deutschen Demokratischen Republik.
Chefredakteur: Doz. Dr. sc. B. Kölbel, Zentrales Geologisches Institut, Berlin, Fernruf: 2363997.
Anschrift der Redaktion: Kastanienallee 69, DDR-1054 Berlin; Fernruf: 2806334.
Verlag: Akademie-Verlag Berlin, Leipziger Straße 3–4, DDR-1086 Berlin; Fernruf: 2236201 oder 2236229; Telex-Nr.: 114420.
Bank: Staatsbank der DDR, Berlin Kto.-Nr. 6836-26-20712.
Veröffentlicht unter der Lizenznummer 1279 des Presseamtes beim Vorsitzenden des Ministerrates der Deutschen Demokratischen Republik.
Gesamtherstellung: VEB Druckhaus „Maxim Gorki", DDR-7400 Altenburg.
Erscheinungsweise: Die Zeitschrift erscheint jährlich in einem Band zu 12 Heften. Bezugspreis je Band 156,– DM zuzüglich Versandspesen. Bezugspreis je Heft 13,– DM. Der gültige Jahresbezugspreis für die DDR ist der Postzeitungsliste zu entnehmen.
Bestellnummer dieses Heftes: 1047/34/11.
Alleinige Anzeigenannahme: DEWAG-Werbung, Wilhelm-Pieck-Straße 49, DDR-1054 Berlin, und alle DEWAG-Betriebe und Zweigstellen der Bezirke der DDR.

AN (EDV) 46337
00220

ZEITSCHRIFT FÜR ANGEWANDTE GEOLOGIE

BAND 34 / 1988 / HEFT 11

Was ist seismische Stratigraphie?

Teil 1: Methodische Grundlagen

ULRICH PATZER, STEPHAN PRÖHL, Leipzig

Mitteilung aus dem VEB Kombinat Geophysik Leipzig

Die seismische Stratigraphie stellt eine seit mehr als zehn Jahren existierende Richtung der Interpretation reflexionsseismischer Daten dar. Die Hauptaufgabe besteht dabei in der detaillierten Analyse von Besonderheiten des seismischen Wellenfeldes — und zwar insbesondere auch zwischen Leithorizonten — unter Einbeziehung aller verfügbaren Zusatzinformationen, mit dem Ziel der Ausgliederung sogenannter seismischer Fazieseinheiten. Aus der Ermittlung ihrer äußeren Form und inneren Struktur sind — in Abhängigkeit vom Erkundungsstadium und der Aufgabenstellung — u. a. Informationen über die paläogeographische Entwicklung des Sedimentbeckens, das Sedimentationsmilieu, den Feinschichtaufbau, die lithologische Zusammensetzung und die Höffigkeit des Untersuchungsgebietes oder auch Detailaussagen über bereits nachgewiesene Kohlenwasserstoff-Lagerstätten möglich.
Die Anwendung der Prinzipien der seismischen Stratigraphie erfordert die Bereitstellung und Nutzung aller für die Interpretation relevanten Daten (neben geophysikalischen auch geologische, bohrlochgeophysikalische, petrophysikalische u. a.) und eine enge interdisziplinäre Zusammenarbeit.
Es muß darauf hingewiesen werden, daß der Begriff seismische Stratigraphie in der englischsprachigen und der sowjetischen Literatur zwar weit verbreitet ist, diese Arbeitsrichtung jedoch nicht exakt beschreibt. Das Ziel besteht weniger in einer stratigraphischen Gliederung als vielmehr in der Gewinnung von Informationen vor allem über die Lithologie.
Nachfolgend werden zunächst wichtige Grundbegriffe und das methodische Konzept der seismischen Stratigraphie beschrieben sowie die sich daraus ergebenden prinzipiellen Möglichkeiten einer praktischen Umsetzung zusammengestellt. Der zweite Teil dieser Arbeit, der sich mit den Aspekten der praktischen Anwendung des Konzeptes und den Aussagemöglichkeiten anhand von praktischen Beispielen aus der Literatur auseinandersetzt, wird im nächsten Heft dieser Zeitschrift erscheinen.
Grundlagen und Konzept der seismischen Stratigraphie sind in der ersten Hälfte der siebziger Jahre erarbeitet und z. T. in Form von Vorträgen auf Tagungen der Society of Exploration Geophysicists, der American Association of Petroleum Geologists und der European Association of Exploration Geophysicists dargestellt worden. Wichtige Publikationen zu dieser neuen Arbeitsrichtung in der englischsprachigen Literatur stammen u. a. von HARMS & TACKENBERG (1972), KHATTRI & GIR (1976), ROKSANDIĆ (1978) sowie SANGREE & WIDMIER (1979).
Wesentliche Impulse gingen von einem Spezialsymposium aus, das die American Association of Petroleum Geologists im Jahre 1975 durchgeführt hat. Die Ergebnisse sind in einer Monographie mit dem Titel „Seismic Stratigraphy — applications to hydrocarbon exploration" als AAPG Memoir Nr. 26 veröffentlicht worden (PAYTON 1977).
In der Sowjetunion beschäftigt man sich mit Fragen der seismischen Stratigraphie etwa seit Beginn der achtziger Jahre, z. B. KUNIN (1983), GOGONENKOV & MICHAJLOV (1983).

Es ist darauf hinzuweisen, daß Arbeiten zur seismischen Stratigraphie die Erfüllung einer Reihe von Voraussetzungen erfordern, die später noch näher erläutert werden. Die komplexe Nutzung aller zur Verfügung stehenden relevanten Daten ist das Grundanliegen der seismischen Stratigraphie. Daraus resultieren auch Forderungen an die Qualifizierung des Personals. Es sind erfahrene Geophysiker und Geologen mit gebietsspezifischen Detailkenntnissen erforderlich, wobei das Mitwirken der Geologen eine unumgängliche Notwendigkeit darstellt.

Begriffsbestimmungen

Als Aufgabe der seismischen Stratigraphie wurden Nachweis, Abgrenzung und Interpretation seismischer Fazieseinheiten genannt. Unter einer *seismischen Fazieseinheit* versteht man eine dreidimensionale seismische Einheit, die sich aus Gruppen von Reflexionen bzw. Reflexionselementen zusammensetzt, deren Kenngrößen (Menge, Verteilung, Neigung, Kontinuität von Reflexionen, dynamische Parameter, Intervallgeschwindigkeit u. a.) sich von denen anderer Einheiten unterscheiden. Daneben existieren auch die Begriffe seismischer Fazieskomplex und seismische Subfazieseinheit.
Der Begriff *seismischer Fazieskomplex* wird nur in der sowjetischen Literatur und im wesentlichen im Stadium der Regionaluntersuchungen gebraucht. Darunter versteht man eine seismostratigraphische Großeinheit bestimmter räumlicher Form und charakteristischer Signatur des seismischen Wellenfeldes. Er stellt eine seismische Abbildung von Sedimentationsfolgen dar, die sich unter bestimmten paläotektonischen Bedingungen in langandauernden Entwicklungsetappen (Millionen Jahre) der Paläobecken bilden.
Die *seismische Subfazieseinheit* wird als lokale Einheit verstanden, deren Untersuchung vor allem im Rahmen der Detailerkundung höffiger Speicherhorizonte oder von bereits durch Bohrungen aufgeschlossenen Lagerstätten erfolgt. Aus der Analyse bestimmter Parameter dieser Einheiten können Hinweise über Genese, lithologische Besonderheiten bis hin zur Kohlenwasserstoff-Führung abgeleitet werden.
Ausgegangen wird von den folgenden beiden Annahmen:

- Eine im Seismogramm bzw. Zeitschnitt nachgewiesene Reflexionsgrenze stellt eine Abbildung der Erdoberfläche zu einem bestimmten geologischen Zeitpunkt dar.
- Unterschiedliche Sedimentationsbedingungen, insbesondere unterschiedliche Ablagerungsenergien, rufen unterschiedliche Signaturen im seismischen Wellenbild hervor.

Es ist zwischen zwei Typen von Grenzen zu unterscheiden, die im Seismogramm bzw. Zeitschnitt abgebildet werden können: Schichtgrenzen und Diskordanzflächen. *Schichtgrenzen* sind im Gebiet ihres Auftretens synchron und werden durch unterschiedliche Episoden der Sedimentation voneinander

Eingang des Manuskripts in der Redaktion: 18. 6. 1987

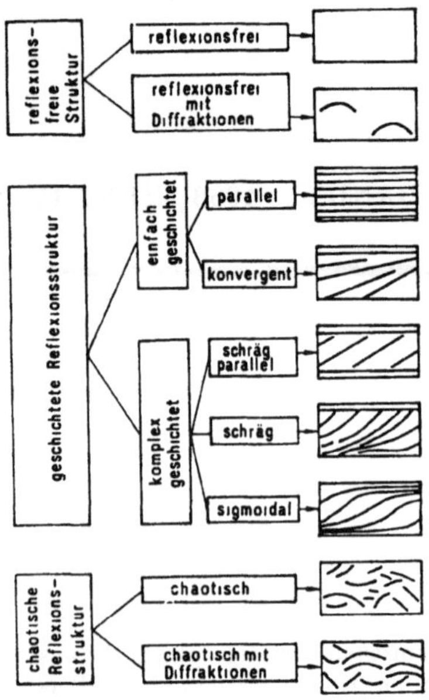

Abb. 1. Grundtypen von Reflexionsstrukturen, nach ROKSANDIĆ (1978)

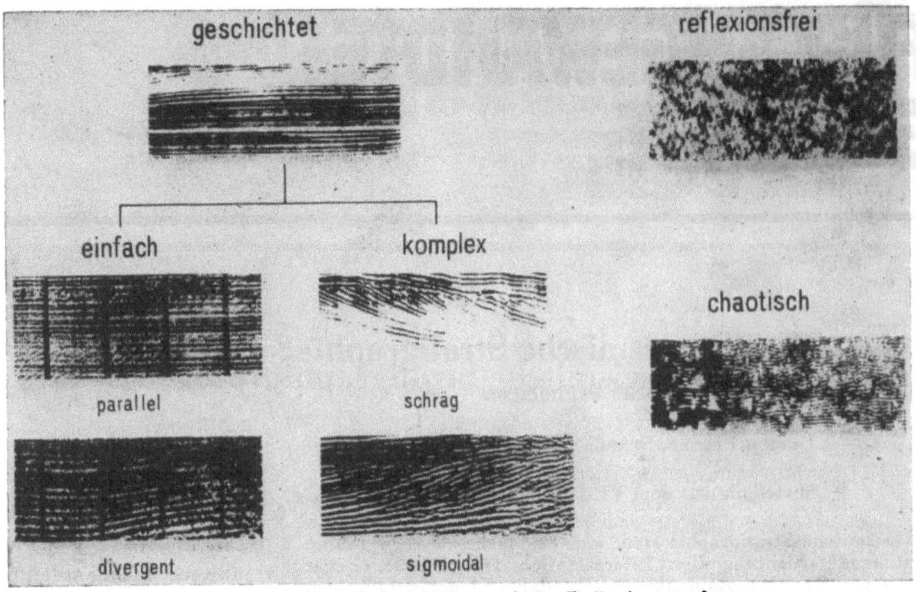

Abb. 2. Beispiele für typische Reflexionsstrukturen nach SANGREE & WIDMIER (1979)

getrennt. Im Gegensatz dazu trennen *Diskordanzflächen* ältere von jüngeren Ablagerungen und stellen in der Regel eine zeitliche Schichtlücke (Hiatus) dar, die ein tektonisches Ereignis belegt.

Die durch Anwendung der Prinzipien der seismischen Stratigraphie erzielbare Aussage ist außer vom Auflösungsvermögen der seismischen Daten vor allem auch von der Sedimentationsgeschwindigkeit abhängig. Hohe Sedimentationsraten führen zur Bildung geologischer Körper mit hinreichend großer vertikaler Ausdehnung, die eine seismische Abbildung und die Festlegung der inneren Struktur sowie die Prognose der Lithologie erleichtern Bei niedrigen Sedimentationsraten (Ausbildung von Körpern geringer Mächtigkeit) sind die Möglichkeiten der seismischen Stratigraphie begrenzt.

Kennzeichen seismischer Fazieseinheiten

Das wichtigste Element bei der Charakterisierung seismischer Fazieseinheiten ist die innere *Reflexionsstruktur*. Einen Überblick über deren Grundtypen vermittelt Abb. 1. Daraus ist ersichtlich, daß die Reflexionsstruktur in drei Hauptgruppen untergliedert werden kann: reflexionsfrei, geschichtet und chaotisch. Daneben existieren Untergruppen, die noch weiter unterteilt werden.

Die *reflexionsfreie Struktur* kann charakteristisch sein für Salzstöcke und Riffe sowie für einheitliche lithologische Bedingungen. Auch eine nachträgliche Homogenisierung ursprünglich unterschiedlicher lithologischer Verhältnisse als Ergebnis diagenetischer Prozesse sowie mächtige magmatische Gesteinskörper können sich durch eine reflexionsfreie Struktur auszeichnen.

Die *chaotische Reflexionsstruktur* stellt eine ungeordnete Folge diskontinuierlich und diskordant angeordneter Reflexionselemente dar. Sie kann ein Hinweis auf folgende Bedingungen sein: Sedimentation mit stark wechselnder, vorzugsweise jedoch hoher Ablagerungsenergie, nachträgliche Deformation durch Bruch und Faltung.

Die größte Bedeutung kommt der *geschichteten Reflexionsstruktur* zu. Sie wird in einfache und komplexe Strukturen unterteilt. Die parallele Struktur deutet auf einheitliche Sedimentationsraten und eine stabile oder sich einheitlich absenkende Ablagerungsfläche hin. Die divergente (konvergente) Anordnung verweist auf flächenhafte Änderungen der Sedimentationsrate, eine fortschreitende Neigung der Ablagerungsfläche oder eine Kombination aus beiden Faktoren. Innerhalb der komplex geschichteten Struktur sind vor allem die schräge und die sigmoidale Struktur zu nennen. Beide sind Bestandteil der „vorrückenden" Reflexionsstruktur (progradational reflection configuration), die auf seitlichen Aufbau bzw. Vorrücken der Schichten zurückzuführen ist. Einige Beispiele typischer Reflexionsstrukturen sind in Abb. 2 dargestellt.

Das zweite Hauptmerkmal zur Gliederung seismischer Fazieseinheiten stellt der *Schichtabschluß* dar. Darunter versteht man die Anordnung der Reflexionen an der oberen bzw. unteren Begrenzung der Einheit. Dabei werden folgende Grundtypen unterschieden (Abb. 3 u. 4):

- Konkordanz: Ober- und Unterkante der Einheit sowie dazwischen liegende Grenzen verlaufen parallel;
- Toplap: „Hangendüberlappung", Begrenzung von Schichten bzw. Reflexionen gegenüber einer überlagernden Fläche als Ergebnis einer Sedimentationsunterbrechung, die eine Folge einer Sedimentationsumleitung sein kann;
- Erosionsdiskordanz (im Englischen erosiona ltruncation): Begrenzung von Schichten bzw. Reflexionen gegenüber einer überlagernden Fläche als Folge von Erosionsvorgängen;
- Onlap: Übergreifende Lagerung („Überlappung"), synsedimentär horizontale Schichten bzw. Reflexionen grenzen fortschreitend an eine synsedimentär geneigte Oberfläche;
- Downlap: Untergreifende Lagerung („Unterlappung"), synsedimentär geneigte Schichten bzw. Reflexionen enden an einer synsedimentär geneigten oder horizontalen Oberfläche.

In allen Fällen, in denen eine Unterscheidung zwischen Onlap und Downlap schwierig oder nicht möglich ist, wird der Schichtabschluß entlang der Untergrenze der seismischen Fazieseinheit als *Baselap* bezeichnet.

Die mit Diskordanzen verbundenen Typen des Abschlusses seismischer Fazieseinheiten repräsentieren Änderungen im Sedimentationsangebot bzw. -milieu oder sind mit zyklischen Schwankungen des Meeresspiegels verbunden.

Ein weiteres charakteristisches Merkmal seismischer Fazieseinheiten ist ihre *äußere Form.* Für klastische Sedimente sind dabei die in Abb. 5 dargestellten Formen typisch: Decke, Decke drapiert, Keil, Bank, Linse. Die Füllungstypen werden in die Formen Trog, Becken und Neigungsfront unterteilt.

Im karbonatischen Sedimentationsmilieu können die in Abb. 6 dargestellten Typen unterschieden werden: relativ langgestreckte Barriereriffe und mehr oder weniger kreis-

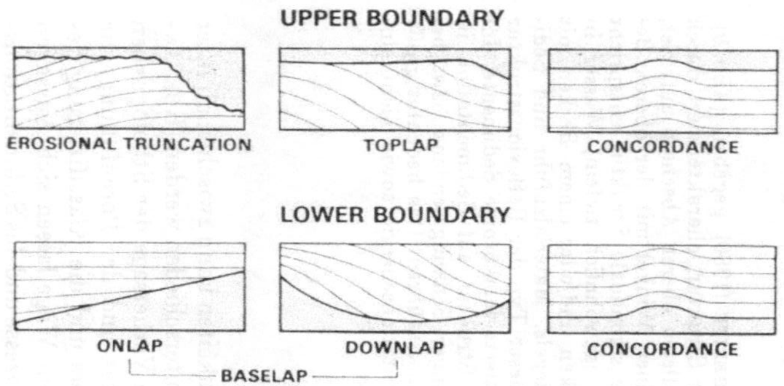

Abb. 3. Grundtypen der Begrenzung seismischer Fazieseinheiten
aus Sangree & Widmier (1979)

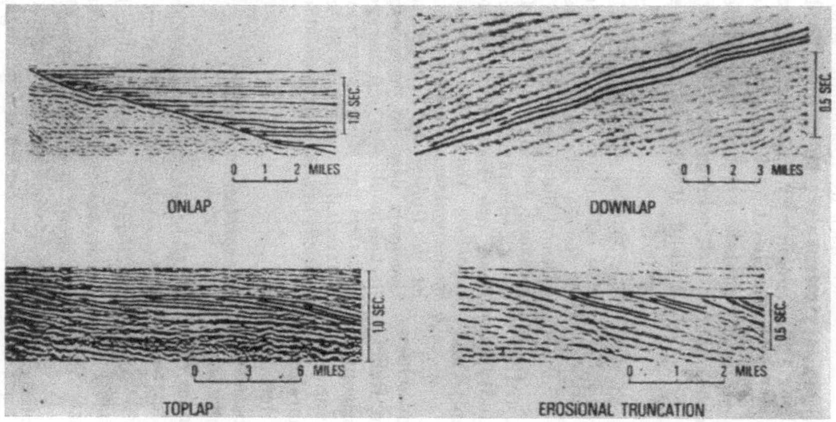

Abb. 4. Zeitschnittbeispiele für verschiedene Typen des Schichtabschlusses von seismischen Fazieseinheiten
aus Ramsayer (1979)

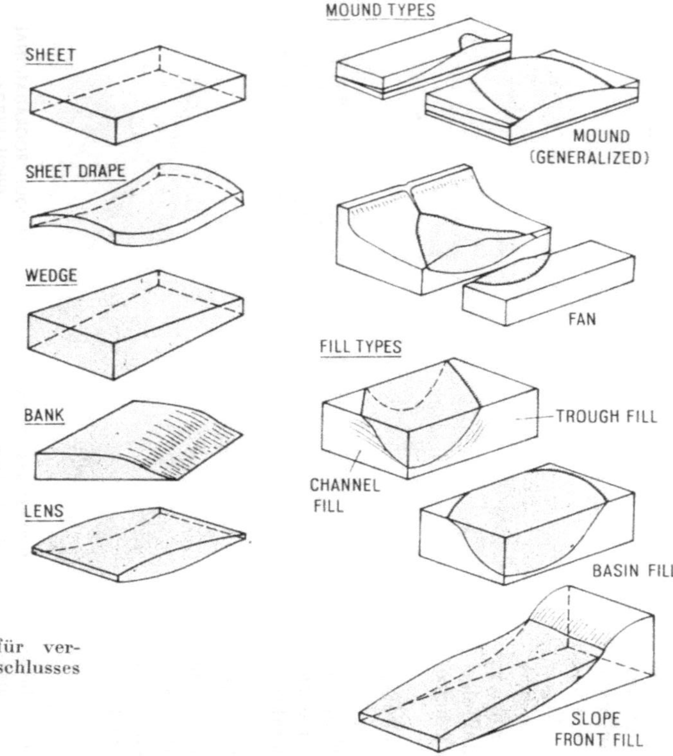

Abb. 5. Typische Formen seismischer Fazieseinheiten für klastische Sedimente
aus Sangree & Widmier (1979)

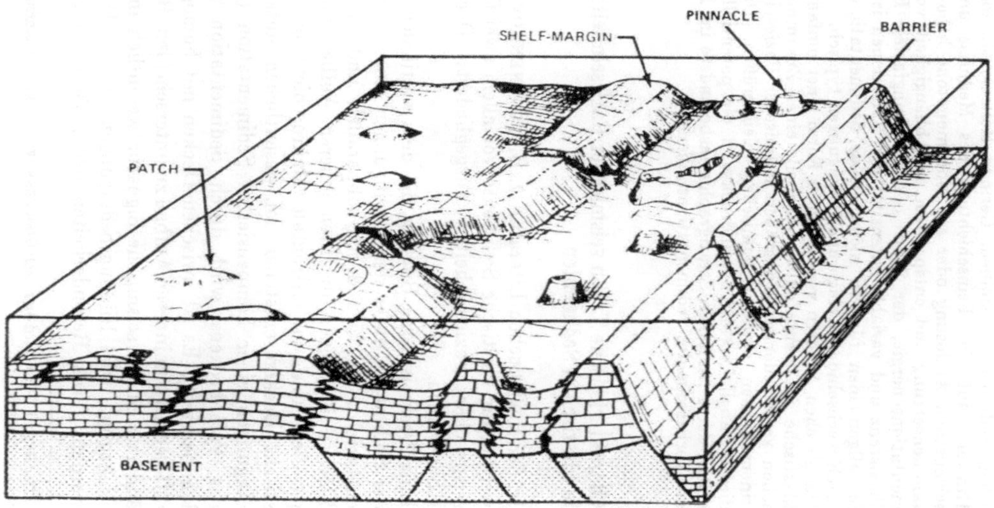

Abb. 6. Typen von Karbonatbauten
aus Vail u. a. (1977)

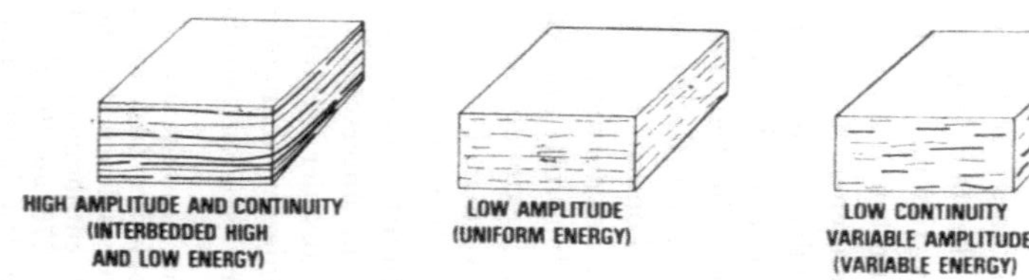

Abb. 7. Typen seismischer Schelffazies
nach Sangree & Widmier (1979)

förmige Kuppenriffbildungen (pinnacle buildups), beide während der Bildungsphase von relativ tiefem Wasser umgeben, daneben die Schelfrandbildungen (shelf-margin buildups), ebenfalls langausgedehnt, aber auf der einen Seite von relativ tiefem, auf der anderen Seite von flachem Wasser umsäumt, und schließlich die ungeschichteten, im Flachwasser entstandenen Karbonatlinsen (patch buildups). Die Analyse der äußeren Form der Fazieseinheiten gestattet Schlußfolgerungen u. a. über den Grad der Erosion und die Paläogeographie zum Zeitpunkt der Sedimentation.

Außer durch Reflexionsstruktur, Schichtabschluß und äußere Form können seismische Fazieseinheiten auch über verschiedene *dynamische* (wie Reflexionsamplitude, Frequenz oder Polarität) *und kinematische Kenngrößen* (wie Persistenz der Reflexionen oder Intervallgeschwindigkeit) charakterisiert werden. Die Auswertung dieser Merkmale erfolgt dabei entweder durch visuelle Begutachtung des normalen Stapelzeitschnittes oder anhand spezieller Darstellungsvarianten (z. B. in unterschiedlicher Polarität) des Zeitschnittes oder auch aus der Verteilung verschiedener aus dem Zeitschnitt extrahierter Kenngrößen (z. B. momentane dynamische Parameter, Pseudointervallgeschwindigkeit).

Welche Hinweise über das Sedimentationsmilieu und die mögliche lithologische Zusammensetzung einer seismischen Fazieseinheit z. B. aus solchen Parametern wie Reflexionsamplitude und -kontinuität entnommen werden können, erläutern SANGREE & WIDMIER (1979) am Beispiel seismischer Schelffaziestypen (Abb. 7). Dabei deuten lateral aushaltende Reflexionen auf kontinuierliche Ablagerung in einem relativ weiträumigen und gleichförmigen Sedimentationsraum hin. Gleichzeitig beobachtete hohe Reflexionsamplituden können dabei ihre Ursache in Wechsellagerungen von Tonen mit relativ mächtigen Sanden, Schluffen oder Karbonaten haben. Dies entspricht im allgemeinen einem neritischen Sedimentationsmilieu. Geringe Reflexionsintensitäten sind Hinweise auf eine Feinschichtung des Mediums unterhalb der seismischen Auflösung oder auf eine monotone lithologische Zusammensetzung und entsprechen, in Abhängigkeit von der Sedimentationsenergie, der Sand- oder Tonhangfazies. Eine geringe Persistenz und variable Intensität der Reflexionen ist schließlich im allgemeinen für ein nichtmarines Sedimentationsmilieu mit rasch wechselnden Ablagerungsbedingungen typisch.

Die gleichen Autoren vermitteln in Form einer umfangreichen für klastische Sedimente gültigen Tabelle einen Zusammenhang zwischen verschiedenen Kenngrößen seismischer Fazieseinheiten und kinematischen sowie dynamischen Kenngrößen. Das Studium dieser Tabelle vermittelt eindrucksvoll die potentiellen Möglichkeiten der seismischen Stratigraphie insbesondere im Hinblick auf die Vorhersage des Sedimentationsmilieus.

Charakteristische Typen seismischer Fazieseinheiten in klastischen Sedimenten

In der sowjetischen Literatur (z. B. GOGONENKOV u. a. 1984) werden für klastische Sedimente vor allem zwei Grundtypen seismischer Fazieseinheiten ausgegliedert: Decken[1]) und Klinoformen.

Eine *Decke* ist eine Bildung, die dem vertikalen Anwachsen der Sedimente unter den Bedingungen eines ebenen Reliefs entspricht. Sie wird durch subparallele und subhorizontale Flächen begrenzt; für ihren inneren Aufbau ist eine subparallele und subhorizontale Makroschichtung charakteristisch. Decken entstehen im wesentlichen unter den Bedingungen einer kompensierten Sedimentation (Absenkung des Paläobeckens wird durch Sedimentation vollständig kompensiert). Es ist zwischen Decken mit homogenem und differenziertem inneren Aufbau zu unterscheiden. Bei letzteren ändert sich die seismische Signatur wesentlich in vertikaler Richtung. Die Bildungsbedingungen dieser Deckentypen werden durch Besonderheiten der paläotektonischen Sedimentationsbedingungen bestimmt. Die Differenzierung der Decken in vertikaler Richtung wird als Ergebnis tektonischer Bewegungen während der Sedimentationsperiode gedeutet.

[1]) Der Begriff Decke wird hier nach GOGONENKOV u. a. (1984) in einem abweichenden Sinn verwendet.

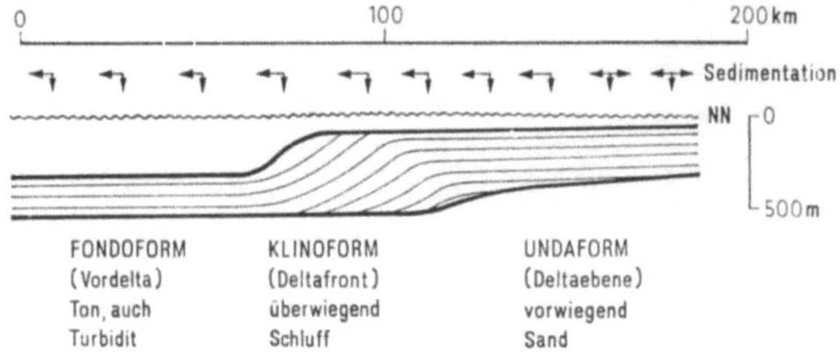

Abb. 8. Modell einer Klinoform

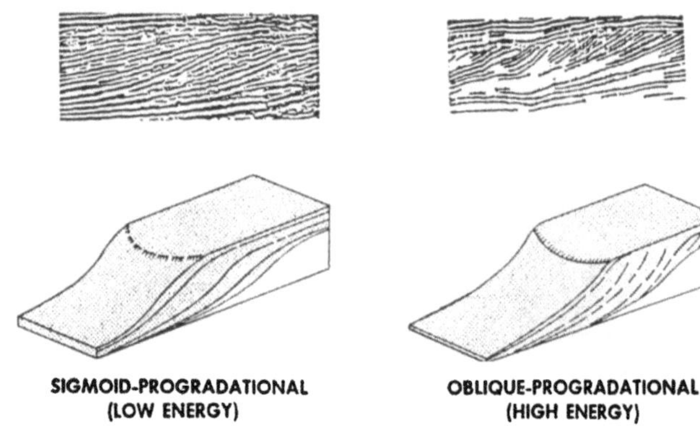

Abb. 9. Sigmoidale und schräge Reflexionsstruktur, aus SHERIFF (1980)

Unter *Klinoform* (Abb. 8) wird ein Gesteinskomplex verstanden, der durch seitliches Anrücken entstanden ist. Geprägt wurde dieser Begriff von RICH (1951). Er untergliedert sich in die Abschnitte Undaform mit im wesentlichen vertikaler Sedimentation, Klinoform i. e. S. mit seitlichem Anwachsen der Sedimente sowie Fondoform mit vorherrschend vertikaler Ablagerung, wobei eine laterale Komponente möglich ist. Entsprechend diesen Sedimentationsverhältnissen weisen Undaform und Fondoform subparallele und subhorizontale Flächen auf, während sich die Klinoform i. e. S. durch schräge bzw. sigmoidale Flächen auszeichnet. Dieser Aufbau spiegelt sich in der typischen Reflexionsstruktur wider.

Ein Beispiel dafür wird von SHERIFF (1980) gegeben (Abb. 9). Man erkennt, daß die sigmoidale Struktur, charakterisiert durch ein flaches „S", einen etwa parallelen oberen Abschluß aufweist, während die schräge Struktur einen Winkel mit der oberen Begrenzung der Einheit bildet. Die sigmoidale Struktur entspricht einer Sedimentation in ruhigem (gewöhnlich tiefem) Wasser in einem sich rasch senkenden Becken und/oder einem Becken mit schnellem Anstieg des Meeresspiegels. Materialzufuhr und Sedimentationsenergie sind gering. Dieser Typ der Reflexionsstruktur ist ein Hinweis auf schwach sortierte feinkörnige Sedimente. Im Gegensatz dazu ist die schräge Struktur auf Sedimentation in Becken ohne oder mit nur geringer Senkungstendenz bzw. bei Stillstand des Meeresspiegels zurückzuführen. Das bedeutet große Materialzufuhr und hohe Sedimentationsenergie sowie nicht einheitliche lithologische Ausbildung.

Interpretationsschritte

Hinsichtlich der Aussagemöglichkeiten kann zwischen direkter und indirekter Interpretation unterschieden werden (ROKSANDIĆ 1978). Zu ersterer zählt die Vorhersage der lithologischen Zusammensetzung, der Porosität und der Porenfüllung, die Bestimmung des relativen Alters und die Klassifizierung des Schichtungstyps. Auf indirektem Wege lassen sich Aussagen ableiten über die Ablagerungsprozesse und das Sedimentationsmilieu, die Art und Richtung des Sedimenttransportes sowie die geologische Entwicklung des untersuchten Objektes.

Bei VAIL (1976) wird eine Untergliederung der Interpretation in sechs Schritte vorgenommen:

1. Ausgliederung der seismischen Fazieseinheiten im seismischen Zeitschnitt;
2. Integration geologischer Modellvorstellungen (einschließlich aufbereiteter bohrlochgeophysikalischer Daten) in das seismische Ergebnis;
3. spezifizierte Analyse der seismischen Fazieseinheiten, Begutachtung ihrer Geometrie, Analyse dynamischer Parameter und der Persistenz der Reflexionsphasenachsen usw. (= seismische Faziesanalyse);
4. detaillierte Untersuchung interessierender seismischer Subfazieseinheiten;
5. geologische Endinterpretation einschließlich Rekonstruktion der paläogeographischen Verhältnisse und der geologischen Geschichte;
6. Bewertung der Kohlenwasserstoff-Höffigkeit potentieller Fallen.

GOGONENKOV u. a. (1984) unterscheiden vier grundlegende Niveaus der seismostratigraphischen Analyse:

1. Gliederung des Profils in seismostratigraphische Großeinheiten, die seismischen Fazieskomplexe, Bestimmung ihrer räumlichen Form und ihres inneren Aufbaues, Klärung der Bildungsbedingungen und Prognose der Lithologie;
2. Untergliederung der Großeinheiten in seismische Fazieseinheiten, Bestimmung von Form und innerem Aufbau, Ausgliederung von Sedimentbildungen, die als Kohlenwasserstoff-Falle in Frage kommen;
3. Einschätzung des Muttergesteinspotentials. Als optimal für die Ansammlung organischer Substanz gelten lagunar-kontinentale bis marine Sedimentationsbedingungen (nicht tiefer als bathyal, d. h. etwa 800 m Wassertiefe). Klinoformen können ein Hinweis auf die Existenz hochbituminöser Muttergesteine sein.
4. Höffigkeitsbewertung potentieller Kohlenwasserstoff-Fallen. Diese erfolgt anhand folgender Kriterien:

a) Räumliche Beziehungen zwischen Muttergestein und Speicher. Dabei werden drei Grundtypen unterschieden: kongruent, peripher und isoliert.
b) Möglichkeiten für die Existenz lokaler Fallen, d. h. von geologischen Körpern, die abbauwürdige Kohlenwasserstoff-Lager akkumulieren und erhalten können.
c) zeitliche Beziehungen zwischen der Bildung von Muttergestein und Falle. Hier werden wiederum drei Typen unterschieden: prä-, syn- und postgenetisch.
d) Bedingungen für die Erhaltung der Lagerstätten.

Aus den aufgezählten Interpretationsmöglichkeiten wird deutlich, daß Untersuchungen zur seismischen Stratigraphie im Prinzip in allen Erkundungsetappen Aussagen liefern können, von regionalen Sucharbeiten, wo Beiträge zur generellen Höffigkeitsbewertung des Untersuchungsraumes und einzelner Objekte in ihnen möglich sind, bis hin zur Detailuntersuchung von durch Bohrungen aufgeschlossenen oder bereits in Förderung befindlichen Lagerstätten, wo Aussagen z. B. über die Lagerstättenkontur, zu den Speichereigenschaften und zur Produktivität oder über die Existenz von Begleitlagern geliefert werden können.

Literatur

BEITZEL, J. E.; ROE, R. C.: Seismic amplitude variations and detection of sand bodies. – Oil & Gas J., Tulsa 79 (1981) 40, S. 128–139

BOIS, P.: Autoregressive pattern recognition applied to the delimitation of oil and gas reservoirs. – Geophys. Prospect., Den Haag 28 (1980) 1–4, S. 572–591

– Some comments on the application of pattern recognition to oil and gas exploration. – Geoexploration, Amsterdam 20 (1982) 1/2, S. 147–159

BRODOV, L. JU.; MUŠIN, I. A.: Spektral'no-vremennoj analiz sejsmičeskich dannych pri strukturno-formacionnoj interpretacii. – Geol. i Geofiz., Novosibirsk (1985) 9, S. 114–126

BROWN, A. R.; DAHM, C. G.; GRAEBNER, R. J.: A stratigraphic case history using three-dimensional seismic data in the Gulf of Thailand. – Geophys. Prospect., Den Haag 29 (1981) 3, S. 327–349

BROWN, A. R. u. a.: Interactive seismic mapping of net producible gas sand in the Gulf of Mexico. – Geophysics, Tulsa 49 (1984) 6, S. 686–714

– Tunig effects, lithological effects and depositional effects in the seismic response of gas reservoirs. – Geophys. Prospect., Den Haag 34 (1986) 5, S. 623 bis 647

BROWN, L. F.; FISHER, W. L.: Seismic-stratigraphic interpretation of depositional systems: examples from Brazilian rift and pull-apart basins. – Amer. Assoc. Petr. Geol. Mem., Tulsa (1977) 26, S. 213–248

CONTICINI, F.: Seismic facies quantitative analysis: New tool in stratigraphic interpretation. – Vortr. 54. SEG-Meeting, Atlanta 1984; Abstr. in Geophysics, Tulsa 50 (1985) 2, S. 345

COSSEY, S. P. J.; VALENTA, W. T.: Seismic hydrocarbon indicators in S China Sea: geological, geophysical aspects. – Oil & Gas J., Tulsa 82 (1984) 37, S. 212–214

FOCHT, G. W.; BAKER, F. E.: Geophysical case history of the Two Hills Colony gas field of Alberta. – Geophysics, Tulsa 50 (1985) 7, S. 1061–1076

GALLOWAY, W. E.; YANCEY, M. S.; WHIPPLE, A. P.: Seismic stratigraphic model of depositional platform margin, eastern Anadarko basin, Oklahoma. – Amer. Assoc. Petr. Geol. Mem., Tulsa (1977) 26, S. 439–449

GERASIMOVIČ, R. V.: Preobrazovanie seijsmičeskich vremennych razrezov v paleovremennye. – Neft. i gaz. Prom., Kiev (1983) 4, S. 26

GOGONENKOV, G. N.; MICHAJLOV, JU. A.: Seijsmostratografičeskie podrazdelenija neftegazonosnych osadočnych tolšč Zapadnoj Sibiri. – Geol. Nefti i Gaza, Moskva (1983) 7, S. 49–56

GOGONENKOV, G. N. u. a.: Methodik für die Komplexinterpretation geologischer und geophysikalischer Daten auf seismostratigraphischer Grundlage bei der Nacherkundung von Erdöl- und Erdgaslagerstätten in terrigenen Sedimenten. – Unveröff. Nutzeranleitung, Zentr. Geophys. Expedition Moskau 1984 (Übers. a. d. Russ., VEB Kombinat Geophysik, Leipzig 1986)

GREAVES, R. J.; FULP, T. J.; HEAD, P. L.: Threedimensional seismic monitoring of an enhanced oil recovery project. – Vortr. 53. SEG-Tagung, Las Vegas 1983; Abstr. in Geophysics, Tulsa 49 (1984) 5, S. 652

GUTERMAN, F. B. u. a.: Perspektivy poiska neantiklinal'nych lovušek na territorii Saratovskoj oblasti. – Neftegaz. Geol. i Geofiz., Moskva (1984) 3, S. 19–22

HARJES, H. P.: Automatic recognition of seismic sequences. – Vortr. 41. EAEG-Tagung, Hamburg 1979; Abstr. in Geophys. Prospect., Den Haag 27 (1979) 3, S. 674

HARMS, J. C.; TACKENBERG, P.: Seismic signatures of sedimentation models. – Geophysics, Tulsa 37 (1972) 1, S. 45–58

HUANG, K.-Y.; FU, K.-S.: Detection of bright spots in seismic signals using tree classifiers. – Gasexploration, Amsterdam 23 (1984/1985) 1, 121–145

ISMAGILOV, D. F.; BOVKUN, S. D.: Geologičeskaja priroda rifopodobnych ob'ektov v vostočnoj časti šel'fa Černogo morja s pozicii seijsmostratigrafičeskogo analiza. – Sov. Geol., Moskva (1986) 4, S. 116–126

KESMÁRKY, I.; POGÁCSÁS, G.; SZANYI, B.: Seismic stratigraphic interpretation in Neogene-Quaternary depressions of eastern Hungary. – Proc. 26th Geophys. Sympos., Leipzig: VEB Geophysik Leipzig 1 (1981) S. 130–140

KHATTRI, K.; GIR, R.: A study of the seismic signatures of sedimentation models using synthetic seismograms. – Geophys. Prospect., Den Haag 24 (1976) 3, S. 454–477

KHATTRI, K.; SINVHAL, A.; AWASTHI, A. K.: Seismic discrimination of stratigraphy derived from Monte Carlo simulation of sedimentary formations. – Geophys. Prospect., Den Haag 27 (1979) 1, S. 168–195

KLUŠIN, S. V.; TAL'VIRSKIJ, D. B.: Otobraženie cikličnosti osadočnych tolšč v spektral'nom sostave otražennych seijsmičeskich voln. – Sov. Geol., Moskva (1986) 10, S. 96–104

KUNIN, N. JA.: Seijsmostratigrafičeskij metod i ego primenenie pri izučenii neftegazonosnych bassejnov SSSR. – Sov. Geol., Moskva (1983) 1, S. 92–104

LAWTON, D. C.: Seismic facies analysis of delta plain coals from Camrose, Alberta, and lacustrine coals from Pictov Coalfield, Nova Scotia. – Amer. Assoc. Petr. Geol. Bull., Tulsa 69 (1985) 12, S. 2120–2129

MAMEDOV, P. Z.: Vyjavlenie riftogennych obrazovanij s pomošč'ju sejsmostratigrafičeskich issledovanij. – Geol. Nefti i Gaza, Moskva (1986) 7, S. 24–27

MATHIEU, P. G.; RICE, G. W.: Multivariate analysis used in the detection of stratigraphic anomalies from seismic data. – Geophysics, Tulsa 34 (1969) 4, S. 507 bis 515

MATTICK, R. E.; RUMPLER, J.; PHILLIPS, R. L.: Seismic stratigraphy of the Pannonian Basin in southeastern Hungary. – Geophys. Trans., Budapest 31 (1985) 1–3, S. 13–54

MECKEL, L. D.; NATH, A. K.: Geologic considerations for stratigraphic modeling and interpretation. – Amer. Assoc. Petr. Geol. Mem., Tulsa (1977) 26, S. 417 bis 438

NEIDELL, N. S.: Stratigraphic modeling and interpretation – geophysical principles and techniques. – AAPG Dept. of Education; Contin. Educ. Course Note, Series, Tulsa (1979) 13. 145 S.

NELY, G.: Faciès et morphologie sismiques des évaporites. – Bull. Centre Rech. explor.-prod. Elf-Aquitaine, Pau 4 (1980) 1, S. 395–410

PAYTON, C. E. (Hrsg.): Seismic stratigraphy – applications to hydrocarbon exploration. – Amer. Assoc. Petr. Geol. Mem., Tulsa (1977) 26

POGÁCSÁS, G.: Results of seismic stratigraphy in Hungary. – Acta geol. Acad. Sci. hung., Budapest 27 (1984) 1/2, S. 91–108

PRÖHL, S.; PATZER, U.; SCHÖBEL, H.; TREIBMANN, K.; KÖNIG, H.: Seismische Faziesanalyse bei ungünstigem Nutz/Stör-Verhältnis des Ausgangsmaterials. – Z. angew. Geol., Berlin 32 (1986) 12, S. 322–327

RAFFALOVICH, F. D.; DAW, T. B.: Use of seismic stratigraphy for Minnelusa exploration, north-eastern Wyoming. – Geophysics, Tulsa 49 (1984) 6, S. 715–721

RAMSAYER, G. R.: Seismic stratigraphy, a fundamental exploration tool. – Proc. 11th Annual Offshore Technol. Conf., Houston 1979, vol. 3. Dallas 1979. S. 1859 bis 1868

RICH, J. L.: Three critical environments of deposition and criteria for recognition of rocks deposited in each of them. – Geol. Soc. Amer. Bull., New York 62 (1951) S. 1–20

ROKSANDIĆ, M. M.: Seismic facies analysis concepts. – Geophys. Prospect., Den Haag 26 (1978) 2, S. 383–398

SANGREE, J. B.; WIDMIER, J. M.: Interpretation of depositional facies from seismic data. – Geophysics, Tulsa 44 (1979) 2, S. 131–160

SCHMOLL, J.; HELBIG, K.: Seismic investigations on an artificial gas reservoir. – Erdöl u. Kohle, Hamburg 35 (1982) 5, S. 229–235

SHERIFF, R. E.: Seismic stratigraphy. – Boston: Int. Human Resources Devel. Corp. 1980. 227 S.

ŠIMKUS, K. M.: Klinoformy osadočnogo čechla po dannym sejsmorazvedki. – Litol. i. polezn. Iskop., Moskva (1984) 1, S. 105–116

SINVHAL, A.; KHATTRI, K. N.; SINVHAL, H.; AWASTHI, A. K.: Seismic indicators of stratigraphy. – Geophysics, Tulsa 49 (1984) 8, S. 1196–1212

STUART, C. J.; CAUGHEY, C. A.: Seismic facies and sedimentology of terrigenous Pleistocene deposits in northwest and central Gulf of Mexico. – Amer. Assoc. Petr. Geol. Mem., Tulsa (1977) 26, S. 249–275

TAL'VIRSKIJ, D. B. u. a.: Prognozirovanie genetičeskich tipov terrigennych osadkov po dannym sejsmorazvedki. – Geol. Nefti i Gaza, Moskva (1985) 3, S. 34–40

TUFEKČIĆ, D.: A prediction of sedimentary environment from marine seismic data. – Geophys. Prospect., Den Haag 26 (1978) 3, S. 329–336

VAIL, P. R.: AAPG-SEG school on stratigraphic interpretation of seismic data. – Vortr., 46. SEG-Tagung, Houston 1976; Abstr. in Geophysics, Tulsa 42 (1977) 1, S. 189

VAIL, P. R. u. a.: Seismic stratigraphy and global changes of sea level. – Amer. Assoc. Petr. Geol. Mem., Tulsa (1977) 26, S. 51–212

WEBER, F.; SCHMÖLLER, R.: Seismostratigraphie als Hilfsmittel bei der Braunkohle-Erkundung Österreichs. – Z. angew. Geol., Berlin 32 (1986) 12, S. 317–322

WEIMER, R. J.; DAVIS, T. L.: Stratigraphic and seismic evidence for late Cretaceous growth faulting, Denver Basin, Colorado. – Amer. Assoc. Petr. Geol. Mem., Tulsa (1977) 26, S. 277–299

Methodische Möglichkeiten zum Einsatz von hochauflösenden Stratamessungen

Klaus Buckup, Dieter Weck, Gommern

Einleitung

Die Schichtneigungsmessung (Stratalog) nimmt unter den bohrlochgeophysikalischen Verfahren eine gewisse Ausnahmestellung ein; Gründe dafür sind:

- Mit den Ergebnissen der Stratamessung ist es möglich, geometrische Informationen über die vermessenen Schichten zu erhalten.
- Das Meßergebnis ist erst nach einem Verknüpfungsprozeß der verschiedenen Meßwerte zu erhalten, so daß es nicht als Apparaturausgangswert erscheint, sondern bereits Elemente der Bearbeitung trägt.
- Eine Qualitätsbewertung ist ein komplizierter Prozeß, der u. a. auch eine Einschätzung der Modellgenauigkeit umfassen muß.

Die Schichtneigungsmessung wurde 1932 von der Fa. Schlumberger eingeführt. Auf Grund der großen Datenmasse wurde zur Bearbeitung von Stratadaten 1954 erstmalig in der Bohrlochmessung die EDV eingesetzt. Die Stratamessung ist wegen ihres hohen Informationsgehaltes eines der populärsten bohrlochgeophysikalischen Verfahren.
Erste Versuche liefen in der DDR in den 60er Jahren. Die Auswertung erfolgte manuell, war langwierig und lieferte kaum ausreichende Genauigkeit; geologische Ausdeutungen waren fast nicht möglich. 1987 wurde zum Jahr der Neueinführung dieses Verfahrens.

Geräteaufbau

Stratamessungen sind keine Einzelverfahren, sondern müssen als Komplex aufgefaßt werden, da sie für jeden Punkt mindestens drei Aussageelemente enthalten müssen:

- Korrelationsgrößen,
- Kaliberangaben,
- geographische und Sondenorientierungswerte.

Zur Korrelation benutzt der 4-Arm-Schichtneigungsmesser vier Mikrolaterologkurven mit einem Auflösungsvermögen im Zentimeterbereich. Die Digitalapparatur erfaßt die Informationen im Abstand von 5 mm.
Zwei gegenüberliegende Mikrolaterolog„schuhe" (pads) werden jeweils zur Messung des Bohrlochkalibers genutzt (Zwei-System-Kalibermessung).
Das Dipmeterorientierungsmeßsystem besteht aus drei hochempfindlichen Magnetometern und drei Beschleunigungsmessern, die *kontinuierlich* Neigung und Abweichungsrichtung des Bohrloches sowie Orientierung des Mikrolaterologmeßsystems erfassen. Die Genauigkeit ist gegenüber konventionellen elektromechanischen Neigungsmeßgeräten wesentlich erhöht; sie beträgt $\pm 0{,}2°$ in der Neigung und $\pm 1°$ im Azimut.
In der Version als „fracture finder" werden die Widerstandskurven jeweils zweier benachbarter Pads aufeinandergezeichnet. Aus den Differenzen der Widerstandskurven sind unter Umständen qualitative Schlußfolgerungen über die Klüftigkeit des Gesteins möglich.
Der Bordcomputer der Digitalmeßapparatur ermöglicht die Erstbearbeitung der Schichtneigungsmessung. Er muß leistungsstark sein; so erfordert die Bearbeitung von 100 m Meßstrecke in einem Bohrloch von 200 mm Durchmesser bei Wahl der Bearbeitungsparameter (vgl. unten und Abb. 3) Korrelationslänge $L = 9$ Fuß, Korrelationsschritt $S = 3$ Fuß und Suchwinkel $\alpha = 50°$ über 22000000 Berechnungen! Der Bordcomputer benötigt hierfür 40 Minuten.

Eingang des Manuskripts in der Redaktion: 23. 6. 1987

Qualitätsbewertung

Alle Meßgrößen müssen in Einheit gesehen werden, da jeder Punkt zur Schwachstelle werden und das Endergebnis, also den Einfallwinkel der Schicht und dessen Richtung beeinflussen kann. Es ist kaum üblich, Genauigkeitsuntersuchungen für Strataergebnisse anzustellen, sondern man sucht eine Bestätigung für die Verwendbarkeit der berechneten Werte. Zwei Varianten sind hier zu erwähnen:

- die innere Kontrolle
- die äußere Kontrolle

Als *innere Kontrollgrößen* werden folgende Parameter berechnet:

- closure (Schlüssigkeit) CLO
- planarity (Flächigkeit) PLA
- Korrelationsschärfe MAX

Diese Werte beschreiben die Qualität des automatisch ausgeführten Korrelationsprozesses.
Die Schlüssigkeit CLO beinhaltet, daß die Summe der Verschiebungen h benachbarter Kurven (Abb. 1) gleich Null sein muß, wenn die Korrelation richtig durchgeführt wurde:

$$h_{12} + h_{23} + h_{34} + h_{41} = 0$$

Ist CLO ungleich Null, muß mindestens eine Verschiebung falsch sein. Die Schlüssigkeit entspricht z. B. bei der Feldgeophysik dem Nivellement des Geländes um den Untersuchungspunkt.
Die Flächigkeit PLA prüft, ob sich die korrelierten Punkte auf einer Ebene befinden. Auf einer Ebene sind die Verschiebungen gegenüberliegender Elektrodenpaare gleich und von entgegengesetztem Vorzeichen:

$$h_{12} + h_{34} = h_{23} + h_{41} = 0$$

Damit ist Flächigkeit — umgekehrt ausgedrückt — ein Maß für die Krümmung der Schichten. Da letztere im Bereich eines Bohrlochdurchmessers kaum gebogen sind, kann prinzipiell gute Flächigkeit erwartet werden. Schlechte Kontakte der Elektroden mit der Bohrlochwand, beschädigte und abgenutzte Arme, unregelmäßige Sondenauffahrten wirken sich auf die PLA-Werte aus. Für eine Bestimmung der Schichtneigung reicht prinzipiell die Auswertung dreier Widerstandskurven aus. Fällt jedoch ein Pad aus, kann keine Flächigkeit berechnet werden.

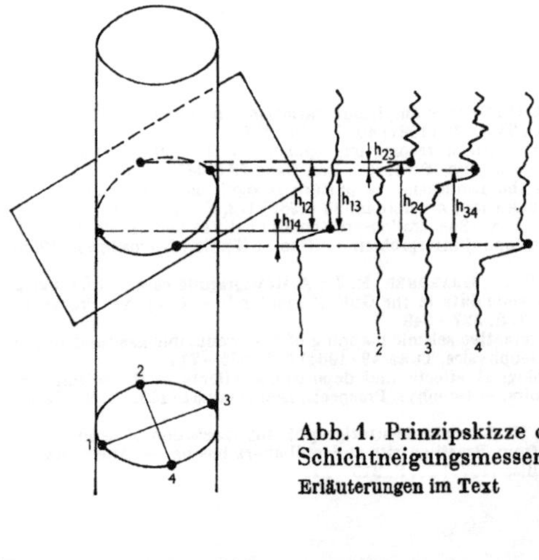

Abb. 1. Prinzipskizze des 4-Arm-Schichtneigungsmessers
Erläuterungen im Text

Die Höhe des Korrelogrammpeaks MAX ist ein Maß der Kurvenähnlichkeit; sie ist damit ein Ausdruck der Korrelationsschärfe.
Die Qualitätsgrößen werden so angewendet, daß sie im Idealfall 100 bzw. 100% ergeben. Bei geringeren Werten gelten gewisse Qualitätsgrenzen; außerdem schätzen weitere mathematisch-statistische Prozesse die Zuverlässigkeit der erhaltenen Dips ein.
Die *äußere Kontrolle* kann in drei Versionen durchgeführt werden:

- Bearbeitung von Messung und Belegstrecke mit gleichen Parametern und gleichem Bearbeitungsprogrammsystem;
- Bearbeitung der Messung mit gleichen Parametern und verschiedenen Bearbeitungssystemen (NEXUS und GEO);
- mehrfache Bearbeitung der Messung mit verschiedenen Parametern.

Innerhalb gewisser Fehlergrenzen und in Abhängigkeit von der Zielstellung der Interpretationsaufgabe eröffnen alle Kontrollarten die Möglichkeit zur Ausdeutung der erhaltenen Bearbeitungsergebnisse. Auf diese Feststellung beschränkt sich die Qualitätsbewertung; der Qualitätsbegriff im herkömmlichen Sinne gilt nicht mehr.

Ergebnisausdeutung

Die Stratamessung ist das einzige bohrlochgeophysikalische Verfahren, das Informationen zur Geometrie der Schichten liefert. Die reinen Meßwerte (Abb. 2) haben für das Verständnis des Endergebnisses keine Bedeutung, abgesehen von einem einzigen Umstand — der visuellen Überprüfung der Korrelierbarkeit. Es gilt der Grundsatz, daß auch eine EDV nicht das korrelierbar machen kann, was nicht korrelierfähig, also visuell nicht erkennbar ist.
Das wichtigste und zugleich fehleranfälligste Element der Bearbeitung ist die Korrelation zur Ermittlung der Kurvenverschiebungen h.
Danach erfolgt die Verknüpfung mit Kaliber- und Orientierungsangaben.
In dieser Phase muß in die Auswertung eine a-priori-Information eingebracht werden.
Drei Inputparameter (Abb. 3) sind zu wählen, die bedeutenden Einfluß auf Rechenzeit und Ergebnis haben:

Korrelationslänge (correlation length)	L
Korrelationsschritt (step length)	S
Suchwinkel (search angle)	α

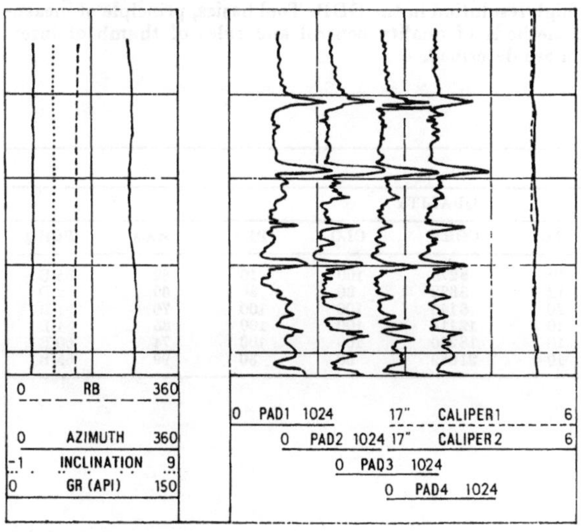

Abb. 2. Rohdatendarstellung

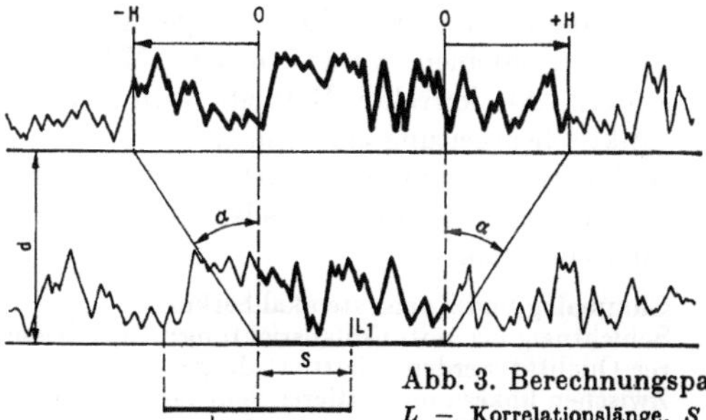

Abb. 3. Berechnungsparameter
L — Korrelationslänge, S — Korrelationsschritt, α — Suchwinkel

Die Korrelationslänge repräsentiert das Teufenintervall (Fenster) der Bezugsmikrolaterologkurve, das zur Korrelation mit den übrigen Mikrolaterolog-Kurven verwendet wird. Für die Wahl der Korrelationslänge gelten folgende Richtlinien:

Je größer die Korrelationslänge, desto
- weniger Streuung der Werte (dips)
- weniger Detailzeichnung
- besser die Wahrscheinlichkeit einer guten Korrelation

Hat der Computer die Korrelation der Mikrolaterolog-(MLL-)Daten für ein bestimmtes Korrelationsintervall beendet, wird das Fenster um den Betrag des Korrelationsschrittes S verschoben, und der Prozeß beginnt von neuem. Die Wahl des Schrittes bestimmt die Dichte der resultierenden Pfeilplotdarstellung: pro Schritt erscheint ein Dip. Ein 100-%-Schritt kann gute Korrelationsmöglichkeiten übersehen, ein 25-%-Step oder noch kürzer kann zu redundanten Dips führen, indem eine dominierende Widerstandsanomalie mehrmals dargestellt sein kann; außerdem wächst die Rechenzeit mit der Zahl der Überlappungen. Es wird im allgemeinen die Anwendung einer zwei- bis dreifachen Überlappung empfohlen.
Bei einem Vergleich der Bezugsmikrolaterologkurve mit einer anderen muß der Bereich begrenzt werden, in dem nach Korrelationen gesucht wird. Dies geschieht durch die Wahl des *Suchwinkels* α. Ist er zu klein, kann nicht korrekt korreliert werden. Ist er zu groß gewählt, wächst die Wahrscheinlichkeit fehlerhafter Korrelationen rasch; es resultieren sogenannte „mathematische" Dips in Nähe des maximalen Suchwinkels. Da außerdem die Rechenzeit mit dem Tangens des Suchwinkels ansteigt, sind große Suchwinkel nur zu wählen, wenn sie aus geologischen Erwägungen heraus notwendig sind. Es wird empfohlen, ihn (unter Beachtung der Bohrlochneigung!) 10° höher als das zu erwartende Einfallen der Schichten zu wählen.
Aus dem Vorangegangenen läßt sich ableiten, daß die Eingabeparameter stark von der Aufgabenstellung abhängen. Prinzipiell werden bei Dipmeterbearbeitungen zwei Bearbeitungsrichtungen unterschieden:

- „Makro"bearbeitung für strukturelle Zwecke,
- „Mikro"bearbeitung für sedimentologische Untersuchungen.

Für strukturelle Untersuchungen sind Korrelationslängen zwischen 1,5 und 5 m günstig, während sedimentologische Prozesse im allgemeinen in kleineren Dimensionen ablaufen.
Bei sehr kleinen Korrelationslängen besteht die Gefahr, daß die MLL-Kurven nicht genügend identifizierbar sind und „bohrlochgeophysikalisches Rauschen" resultiert. Auch Bohrlochwandrauhigkeiten — ganz abgesehen von Kavernen! — erzeugen falsche Dips.
Zusammenfassend gilt: Die strukturelle Schichtneigung nebst ihrer Einfallrichtung ist am besten in Bereichen abzulesen, bei denen die Sedimentation unter niedrigen Energieverhältnissen erfolgte — also z. B. gegenüber Tonsteinen. Sie wird bevorzugt bei „Makro"bearbeitung sichtbar, ist oft aber auch

bei „Mikro"bearbeitung erkennbar. Sedimentologische Untersuchungen in Speichergesteinen werden meist „Mikro"bearbeitungen erfordern. Als korrekte Methode wird generell „Makro"- und „Mikro"bearbeitung empfohlen.
Die übliche Form der Ergebnisdarstellung ist die Pfeilgraphik (Abb. 4) bzw. eine Tabellenausgabe (Tabelle). In der Pfeilplotdarstellung sind enthalten:

linke Spur:	Gammalog und Zweisystemkaliberkurve
mittlere Spur:	Schichtneigung mit Einfallsrichtung; Dips besserer Qualität werden schattiert dargestellt. Zwischen linker und mittlerer Spur fassen Azimutfrequenzplots Schichteinfallrichtungen über bestimmte Teufenintervalle, meist 25 m, zusammen.
rechte Spur:	Bohrlochneigung und -richtung

Die Tabellenausgabe enthält für jeden dargestellten Wert neben Bohrloch- und Schichtneigung und deren Azimutwerten

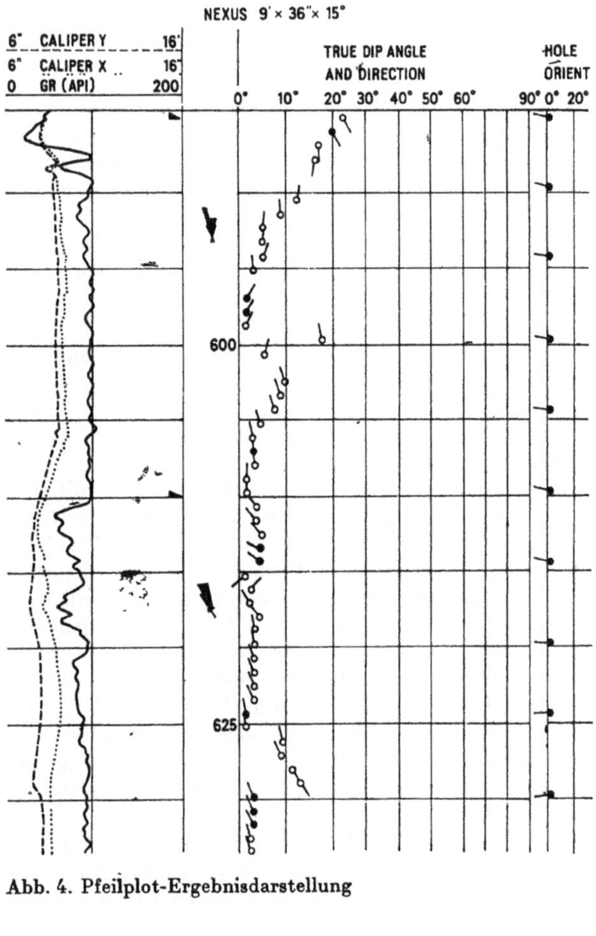

Abb. 4. Pfeilplot-Ergebnisdarstellung

seine Qualitätswerte wie Closure (CLO), Planarity (PLA), Korrelationsschärfe (MAX) u. a. Qualitätsparameter.
Weitere Ausgabemöglichkeiten sind die Darstellung im Schmidt-Plot sowie modifizierten Schmidt-Plot, d. h. Darstellung der Größe der Neigungswinkel von außen nach innen.

Schlußbetrachtungen

Stratalogmessungen und ihre Bearbeitung in der skizzierten Form eröffnen große Möglichkeiten für einen bedeutenden Erkenntniszuwachs unter den verschiedensten geologischen Bedingungen, die in der DDR anzutreffen sind. Die zur Verfügung stehenden Sonden arbeiten bis 200 °C, 140 MPa und bei Bohrlochdurchmessern von 140 bis 530 mm.
Ist bei der geologischen Erkundungsarbeit eine enge Zusammenarbeit zwischen Geologen und Geophysiker immer wünschenswert und garantiert bessere Ergebnisse, so ist — wie aus dem Vorangegangenen hoffentlich deutlich zu ersehen ist — bei der *Aufgabenstellung* und *Bearbeitung* von Schichtneigungsmessungen eine enge kollektive Zusammenarbeit ein unumgängliches Erfordernis: Kann der Struktureinfallwinkel noch vom bearbeitenden Geophysiker allein angegeben werden, die Erscheinungsbilder für Diskordanz, Verschiebung, Bruch, Flexur sind schon mehrdeutig, aber sedimentologische Untersuchungen scheinen ohne Mitarbeit der mit dem Untersuchungsraum vertrauten Geologen nicht möglich!

Zusammenfassung

Seit 1987 können in der DDR hochauflösende Schichtneigungsmessungen durchgeführt werden. Geräteaufbau, Meßprinzip, Methoden der Qualitätsbewertung und allgemeine Regeln der Ergebnisausdeutung werden behandelt.

Резюме

Начиная с 1987 года в ГДР проводятся измерения пластовым наклономером с высокой разрешающей способностью. В статье рассматриваются схема приборов, принцип измерения, методы оценки качества и общие правила интерпретации результатов.

Summary

Since 1987 it is possibly to make measurements with dipmeter tools of high resolution in the GDR. Tool basics, principle of measurement, methods of quality control and rules of thumb of interpretation are described.

Tabelle. Ergebnisdarstellung

	NEXUS 9' × 36'' × 15°												
	DIP		BOREHOLE		TOOL				QUALITY				
DEPTH	DIP	AZI	INC	AZI	AZI	D13	D24	GE	CORK	CLO	PLA	MAX	PCHQ
646.2	2.2	25	0.7	264	54	8.4	8.5	20	5278	100	10	82	35 B
647.1	2.5	334	0.7	260	50	8.4	8.4	12	3322	30	30	69	42 D
648.0	3.8	303	0.7	263	45	8.3	8.3	20	5146	100	100	76	51 B
649.8	3.0	346	0.6	261	37	8.1	8.3	10	12114	100	100	85	54 D
650.7	3.9	358	0.7	272	33	8.1	8.2	10	18230	100	100	74	60 B
651.7	3.8	354	0.7	268	29	8.2	8.3	10	21869	30	30	99	65 B

On correlations between the concentrations of element pairs in continental magmatites

KLAUS WETZEL, Leipzig

The behavior of element pairs in products of fractional crystallization of a common parent magma

While partial melting represents the common mechanism of magma generation, its crystallization can be considered as the process accomplishing the generation of an igneous rock. Therefore elemental concentration patterns of certain rock series originating from one and the same magma use to be discussed in terms of fractional crystallization, while the chemical characteristics of certain magma bodies are interpreted in terms of partial melting (GAST 1968; SHAW 1970; O'HARA 1977; ALLÉGRE & MINSTER 1978).
The concentration ${}^ic^l$ of a chemical element i in a magma of the mass M which carries out fractional crystallization without exchange of material with its surroundings (closed system fractional crystallization) is connected with the concentration ${}^ic_0{}^l$ of this element in the initial mass M_0 of this magma by the Rayleigh equation (RAYLEIGH 1896)

$$ {}^ic^l/{}^ic_0{}^l = (M/M_0)^{{}^iD-1}, \tag{1} $$

where ${}^iD$ is the solid-liquid distribution coefficient of the given chemical element.

Equation (1) is valid for equilibrium between every differential amount of solid phase and the homogeneous liquid phase the solid phase has been formed from.
It is a remarkable disadvantage of models based on equation (1) that the knowledge of the quantitative progress of crystallization must be taken for granted. Note that the majority of igneous processes are more or less open system processes and that M in this equation usually is unknown. It would be therefore desirable to eliminate the quantity M by any means thus achieving relations for investigating magmatic processes only using concentration data. This can indeed be achieved by combining two (or more) element concentrations in one and the same magmatic bodies with each other (WETZEL & HABERLANDT 1987). We write equation (1) in its logarithmic form for the concentrations c^l of the elements 1 and 2:

$$ \lg {}^1c^l/{}^1c_0{}^l = ({}^1D - 1) \lg (M/M_0) $$

$$ \lg {}^2c^l/{}^2c_0{}^l = ({}^2D - 1) \lg (M/M_0) $$

where ${}^1c_0{}^l$ and ${}^2c_0{}^l$ denote the initial concentrations in the melt of the amount M_0.

Elimination of $\lg (M/M_0)$ from these equations and substitution of concentrations c^l in the liquid phase by solid phase concentrations ${}^ic = {}^iD \cdot {}^ic^l$ yields

$$ \lg {}^1c = \frac{{}^1D-1}{{}^2D-1} \lg {}^2c + \lg ({}^1D \cdot {}^1c_0) - \frac{{}^1D-1}{{}^2D-1} \lg ({}^2D{}^2c_0) \tag{2} $$

Equation (2) is a linear relation between the logarithms of the solid phase concentrations ${}^1c$ and ${}^2c$ with the slope

$$ m = \frac{{}^1D-1}{{}^2D-1} \tag{2a} $$

and the intersect

$$ q = \lg ({}^1D{}^1c_0) - \frac{{}^1D-1}{{}^2D-1} \lg ({}^2D{}^2c_0) \tag{2b} $$

of the corresponding regress line in a $\lg {}^1c$ to $\lg {}^2c$ diagram:

$$ \lg {}^1c = m \lg {}^2c + q \tag{2c} $$

Equation (2) can be used for revealing fractional crystallization series, if the distribution coefficients ${}^1D$ and ${}^2D$ and the concentrations ${}^1c_0$ and ${}^2c_0$ in the parent magma can be assumed to be known. If the slope m in equation (2) is solely used, fractional crystallization series can be investigated without any knowledge of ${}^1c_0$ and ${}^2c_0$, i.e. without any information about the parent magma.
As we have shown earlier (WETZEL & HABERLANDT 1987), equation (2) is also valid for fractional crystallization of a magma loosing matter invading rocks surrounding the magma chamber. We have further substantiated in earlier publications (WETZEL 1987a; 1987b) that equation (2) is approximately also valid for combined fractional crystallization and wallrock assimilation, batch crystallization and magma mixing, if ${}^1D \approx {}^2D$ and ${}^1c \approx {}^2c$.
The main feature of the present publication is independent on how the distribution coefficients ${}^iD$ are evaluated. There are three ways to determine distribution coefficients between rocks and minerals and their parent magmas by measuring element concentrations: laboratory experiments with crystallizing aluminosilicate melts, investigation of natural or artificially prepared phenocryst/matrix systems and investigation of rock series which can be assumed to be genetically connected with each other (see HENDERSON 1982).
For the investigations presented in this publication we use an earlier described global fractional crystallization model which is founded on the following assumptions (WETZEL 1986a):

1. The chemical composition of igneous rocks is mainly determined by fractional crystallization of magmas.
2. This fractionation proceeds under equilibrium conditions in closed systems, the mean chemical composition of the magmas ascending from the upper mantle region into the continental crust being identical with the mean chemical composition of the continents.
3. The fractional crystallization of these magmas gives rise to the formation of all the igneous rocks in those quantitative proportions which we found in the recent continental crust.

This model allows the evaluation of the coefficients ${}^ik$ and ${}^iS$ in the equation

$$ \lg {}^iD = {}^ik + {}^iS\Delta I \tag{3} $$

where $\Delta I = I^l - I^s$ is the difference of the ^{18}O indices (H. SCHÜTZE 1983) of the magma (I^l) and its crystallization products (I^s).

The ^{18}O index can be calculated by the equation

$$ I = \frac{1}{y} (0.977x + 0.645z + 0.0155w + 4.092) \tag{4} $$

where x, y and z are the formula indices of Si, O and not tetrahedrally coordinated Al in a chemical formula $M^n_{w/n}Al_z[Si_xAl_{4-x}O_y]$ of the solid or liquid aluminosilicate.

The mean electrical charge of cations other than Si and Al is denoted by n, their formula index by $w = 2y - x - 3z - 12$. The coefficients ${}^ik$ and ${}^iS$ are calculated for all alkaline and alkaline earth elements, elements of the first transition period of the periodic table and rare earth elements (WETZEL 1986a).

Eingang des Manuskripts in der Redaktion: 26. 3. 1987

The difference ΔI of the ^{18}O indices of the magma (I^l) and its crystallization products (I^s) can be calculated either by means of equation (4) or, if the chemical composition of the liquid phase is unknown, by means of the empirically found relation (WETZEL 1986b)

$$\Delta I = 0.475 - 0.534 I^s. \qquad (5)$$

The behavior of global Clarke values of element pairs

It is generally accepted that the majority of continental magmatic rocks of a certain type are generated by crystallization of magmas of more or less uniform temperatures, pressures and concentrations of volatiles. (If these conditions deviate from those uniform parameters rocks of a different type will form.) Whether the chemical composition of the magma does belong to these conditions of the formation of a definite type of rock, is still an open question. We will presume that the content of O, Si and Al, namely the elements which constitute the $(Si, Al)O_4$ tetrahedrons essentially determining the structure of the alumosilicates, are as characteristic of the type of rocks being generated as the temperature, the pressure and the content of water of the parent magma. This presumption includes that this is not valid for the less abundant major elements (Ti, Mn, Fe, Mg, Ca, Na, K) and less than ever for the trace elements.

If continental magmatic rocks of a certain type, however, do crystallize from magmas of uniform temperature, pressure, content of water and content of oxygen, silicon and aluminium, fractional crystallization of such magmas is ruled by more or less uniform solid-liquid distribution coefficients ^iD of the minor and trace elements which can be calculated by means of equations (3), (4) and (5) or obtained on any other way described in the first chapter of this publication.

If we further presume random distribution of the concentrations $^ic_0$ of less abundant major elements and trace elements in the initial magmas the totality of continental igneous rocks of a given type form from, following Gaussian or Galton function, we come to the conclusion that equation (2) suffices not only for series of continental rocks formed by fractional crystallization of a common parent magma warranting uniform conditions in a here defined sense, but also for the global totality of continental rocks of a certain type. Random distribution of initial concentrations $^ic_0$ only affects the absolute value of the correlation coefficient r of the $\lg {}^1c$ to $\lg {}^2c$ correlation (to become smaller), but not the slope m and the intersect q of the straight correlation line according to equation (2).

In an earlier publication (WETZEL & HABERLANDT 1987) we have shown that global Clarke values of some series of continental igneous rocks indeed follow equation (2). In the present publication we present further evidence of this important regularity, and try to substantiate and to evaluate its bearing and its limitations.

Deviations from regular lg ^1c to lg ^2c correlation

Deviations from equation (2) can firstly be expected in the region between a complete series of rocks formed by fractional crystallization of a uniform magma body on one hand and the global totality of rocks of the corresponding type. In the strict language of mathematics this is the case of more than one, but not a large number of magmas. Let us consider rocks of one and the same type, e.g. island arc volcanics or granitic rocks, formed by fractional crystallization of two magma bodies solidifying under the same conditions in a sense defined above. Figure 1 accounts for different initial concentrations in these two magmas reflected by different intersects q_1 and q_2 (see equation 2b) but uniform slopes m (see equation 2a) of the regression lines. As Figure 1 shows, equation (2a) is only valid if the samples of the rock series are representative either of one and the same stage of fractional crystallization of both magma chambers (see Fig. 1 a and b) or of all stages of the fractionation of both magma chambers (Fig. 1c). Thus, we conclude that equation (2) does not suffice or only exceptionally suffices for series of rocks from more than one, but not a large number of parent magmas.

The larger the number of magmas involved in the generation of the investigated rock series, the greater the probability that the samples represent all stages of magmatic differentiation proportionally, thus, passing over to linear $\lg {}^1c$ to $\lg {}^2c$ correlations between global Clarke values of igneous rock series as described above. Deviations from equation (2) can secondly be expected for series of rocks representing only a small sector of the products of fractional crystallization of a given magma, particularly if they have undergone postmagmatic alterations and/or if gradation of concentrations does not clearly exceed analytical errors. Of course linear $\lg {}^1c$ to $\lg {}^2c$ correlation is also violated for series of magmatic rocks formed in situ the concentration patterns of which are dominated by the parent rocks rather than by fractional crystallization. This deviation from linear $\lg {}^1c$ to $\lg {}^2c$ correlation will manifest itself in m differing from $\frac{{}^1D - 1}{{}^2D - 1}$ as well as in absolute values of correlation coefficients r much smaller than unity.

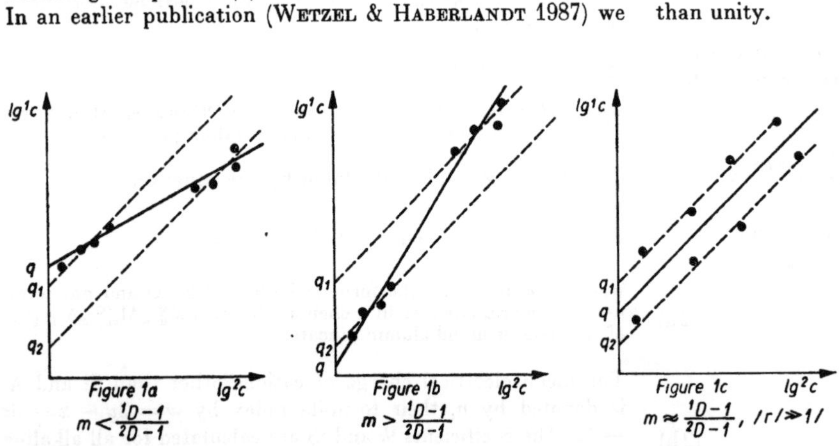

a) Samples of the rocks from the magma with the intersect q_1 are from early stages of fractionation, while samples of the rocks from the q_2 magma are from later stages of fractional crystallization: $m < \frac{{}^1D - 1}{{}^2D - 1}$

b) Samples of the rocks from the q_1 magma are from late stages of fractionation, while samples of the rocks from the q_2 magma are from earlier stages of fractional crystallization: $m > \frac{{}^1D - 1}{{}^2D - 1}$

c) Samples are representative of all stages of fractional crystallization of both magma bodies: $m \approx \frac{{}^1D - 1}{{}^2D - 1}$, $|r| \ll 1$ (in Figure 1c see also $\ll$)

Figure 1. Generation of a series of magmatic rocks by crystallization of two magma bodies characterized by one and the same m value and by two different intersects q_1 and q_2 ($q_1 > q_2$) in a $\lg {}^1c$ to $\lg c^2$ diagram. Each magma is assumed to be represented by four samples. The dashed lines represent the single regression lines, while the resulting regression line is the full line

Table 1. The behavior of m and q in equation (2) and of the absolute value $|r|$ of the correlation coefficient according to equation (2) for different kinds of rock series

	part of a series of rocks formed by fractional crystallization of a uniform parent magma	series of rocks formed by fractional crystallization of a uniform parent magma	series of rocks of a certain type not formed by fractional crystallization of common parent magma	global totality of continental magmatic rocks of a certain type
m	$m \neq \frac{^1D-1}{^2D-1}$	$m \approx \frac{^1D-1}{^2D-1}$	$m \neq \frac{^1D-1}{^2D-1}$	$m \approx \frac{^1D-1}{^2D-1}$
q	$q \neq \lg(^1D^1c_0) - \frac{^1D-1}{^2D-1}\lg(^2D^2c_0)$	$q \approx \lg(^1D^1c_0) - \frac{^1D-1}{^2D-1}\lg(^2D^2c_0)$	$q \neq \lg(^1D^1c_0) - \frac{^1D-1}{^2D-1}\lg(^2D^2c_0)$	$q \approx \lg(^1D^1c_0) - \frac{^1D-1}{^2D-1}\lg(^2D^2c_0)$
$\|r\|$	$\|r\| \ll 1$	$\|r\| \lessapprox 1$	$\|r\| \ll 1$	$\|r\| \lessapprox 1$

Thus regarding validity of equation (2) we have to expect the sequence shown in Table 1.
The following two chapters will give verifications of the sequence in Table 1 for island arc volcanics and for granitic rocks. Only for major elements global Clarke values are available for nearly all types of igneous rocks. Our investigations are therefore restricted to the (less abundant) major elements.

Element pair correlations in island arc volcanics

For rhyolites, rhyodazites, dazites and andesites as typical island arc volcanics global Clarke values of the less abundant major elements Ti, Fe, Mn, Ca, Mg, Na and K are available (WEDEPOHL 1969). Although there are occurrences of these intermediate rocks also in other than island arc regions, the high abundance of these rocks in island arcs warrants that their global Clarke values can be considered as typical of island arc regions. Table 2 lists all $\lg {}^1c$ to $\lg {}^2c$ correlations with an absolute value of the correlation coefficient r of at least 0.70 with their slopes m_{exp} of the straight correlation lines. The maximum number of correlations between 2 among 7 chemical elements is given by $\frac{1}{2}(7^2 - 7) = 21$. We find 17 element pairs with $|r| \geqq 0.70$, among them 9 with $|r| \geqq 0.98$. There are 7 pairs with good and 7 pairs with satisfactory agreement between m_{exp} and $m_{calc} = \frac{^1D-1}{^2D-1}$. Only for 3 pairs (Ca—Na, Mg—Na and Ca—Mn) discrepancies between m_{exp} and m_{calc} are found. If we restrict our analysis to element pairs with $0.5 < m_{calc} < 2.0$ which are rather insensitive to wallrock assimilation and other deviations from closed system fractional crystallization, we find 5 element pairs, 3 of them showing excellent and 2 fairly good agreement between m_{exp} and m_{calc}. Thus, we can consider the results in Table 2 as clear evidence of a verification of the sequence in Table 1 with respect to the global totality of island arc volcanics.
Table 3 lists results of an investigation on 264 samples of volcanics from Grenada, Lesser Antilles, founded on experimental data of BROWN, HOLLAND et al. To get results comparable with those about global Clarke values of island arc volcanics we also select 4 groups of samples, namely those with 44—46, 52—54, 58—60 and 64—66 mass% SiO_2 thus warranting similar graduation of SiO_2 contents like in Table 2.
All the 21 possible element pairs in Table 3 show absolute values of the correlation coefficient of at least 0.70, 9 of them with good and 7 with satisfactory agreement between m_{exp} and m_{calc}. Only 5 of the 21 element pairs (Ca—Na, Ca—Mn, Fe—Na, Ti—Na and Mn—Na) reveal discrepancies between m_{exp} and m_{calc}. (It is interesting to emphasize that four of these are pairs with Na, whose distribution coefficient is closest to unity ($^{Na}D = 0.857$). Therefore the expression ($^{Na}D - 1$) in equation (2a) is a small difference between two large figures.)
Thus, the results in Table 3 can be considered as clear evidence of a verification of the sequence in Table 1 with respect to a series of rocks formed by fractional crystallization of a uniform parent magma.
A quite different behavior reveals a series of island arc

Table 2. Slopes m_{exp}, correlation coefficients r and slopes m_{calc} calculated by means of equation (2a) ($\Delta I = 0.0305$) for global Clarke values of pairs of the less abundant major elements in rhyolites, rhyodazites, dazites and andesites

	m_{exp}	r	m_{calc}
Mg—Ca	1.30	0.995	1.12
Fe—Ti	0.849	0.990	1.45
Ti—Mn	1.01	0.96	1.12
Ca—K	−1.13	−0.96	−1.38
Ca—Na	4.40	0.75	13.0
Mg—Fe	1.73	0.994	2.08
Mg—Ti	1.48	0.990	3.03
Mg—Mn	1.56	0.990	3.38
Mg—Na	5.60	0.73	14.5
Mg—K	−1.44	0.94	−1.54
Fe—Ca	0.734	0.98	0.536
Ca—Ti	1.11	0.97	2.71
Ca—Mn	1.20	0.996	3.03
Fe—K	−0.830	−0.95	−0.740
Ti—K	−0.913	−0.89	−0.509
Mn—K	−0.952	−0.98	−0.456
Fe—Mn	0.888	0.98	1.62

Table 3. Slopes m_{exp}, correlation coefficients r and slopes m_{calc} calculated by means of equation (2a) ($\Delta I = 0.067$) for the concentrations of the less abundant major elements in 4 groups of samples from island arc volcanics of Grenada, Lesser Antilles

	m_{exp}	r	m_{calc}
Mg—Ca	2.30	0.990	1.20
Fe—Ti	1.26	0.995	1.10
Ti—Mn	0.619	0.94	1.11
Ca—K	−0.707	−0.91	1.26
Ca—Na	−1.52	−0.87	−5.80
Mg—Fe	2.21	0.93	1.82
Mg—Ti	2.75	0.93	2.00
Mg—Mn	1.60	0.83	2.22
Mg—Na	−3.79	−0.93	−6.99
Mg—K	−1.71	−0.95	−1.52
Fe—Ca	0.920	0.94	0.663
Ca—Ti	1.17	0.92	1.66
Ca—Mn	0.720	0.86	1.84
Fe—K	−0.731	−0.96	−0.836
Fe—Na	−1.48	−0.86	−3.85
Ti—K	−0.597	−0.98	−0.760
Mn—K	−0.804	−0.87	−0.684
Ti—Na	−1.23	−0.89	−3.50
Mn—Na	−1.47	−0.70	−3.15
Fe—Mn	0.791	0.97	1.22
Na—K	0.424	0.96	0.217

volcanics from 4 different island arcs. Table 4 lists results of investigations hereto. We select basalts with 47–55% SiO_2 from Epi, New Hebrides Island Arc (using experimental data of DUPNY et al. 1982), andesites with 50–60 mass% SiO_2, from Seto Inland Sea Southwest Japan (using data of ISHIZAKA & CARLSON 1983), an andesite with 58,5 mass% SiO_2 from Adak Island, Aleutian Island Arc (using major element data of BUDD 1978) and a dacite with 65,1 mass% SiO_2 from Bougainville, Western Pacific Island Arc (using experimental data of TAYLOR, CARP & GRAHAM 1969).

The selection of these 4 samples or groups of samples, respectively, warrants comparableness to the graduation of SiO_2 contents in Tables 2 and 3. Table 4 reveals only 13 among 21 possible elements pairs with $|r| \geqq 0.70$, only one showing good agreement between m_{exp} and m_{calc}. For 6 pairs the agreement is satisfactory, for 7 pairs we find severe discrepancies between m_{exp} and m_{calc} (Fe–Ti, Na–K, Ca–Na, Mg–Mn, Mg–Na, Ca–Mn and Mn–Na). If we confine the evaluation to $0.5 < m_{calc} < 2.0$, we find 3 pairs and only one with good agreement between m_{exp} and m_{calc}. Thus, Table 4 gives a verification of a series of island arc volcanics not formed by fractional crystallization of a common parent magma in the sequence shown in Table 1.

In order to verify a part of a series of rocks formed by fractional crystallization of a probably uniform parent magma in the sequence of Table 1 we select 5 low-Si andesites of Mt. Bagana on Bougainville, Western Pacific Island Arc (using major element data of TAYLOR, CARP & GRAHAM 1969).

Table 5 shows that there are only 3 element pairs with $|r| \geqq 0.70$, one with good agreement between m_{exp} and m_{calc} and 2 with severe discrepancies between these quantities. The andesites of Mt. Bagana thus can be considered as an example of a part of a series of rocks formed by fractional crystallization of a magma, the last link in the sequence of rock series of Table 2 from the right to the left side.

Element pair behavior in granitic rocks

For granites, quartz monzonites, granodiorites and quartz diorites as the most abundant granitic plutonites reliable global Clarke values of the less abundant major elements are available (WEDEPOHL 1969). Table 6 lists all $\lg {}^1c$ to $\lg {}^2c$ correlations with $|r| \geqq 0.70$ with their slopes m_{exp} and correlation coefficients r of the correlation lines as well as $m_{calc} = \frac{{}^1D - 1}{{}^2D - 1}$. We identify 20 of 21 possible element pairs with $|r| \geqq 0.70$, 5 of them with $r \geqq 0.98$. Among these 21 pairs there are not less than 11 with good agreement between m_{exp} and m_{calc}, the remaining 9 showing only fairly good agreement. Severe discrepancies between m_{exp} and m_{calc} are not found at all. Restriction of the analysis to $0.5 < m_{calc} < 2.0$ yields 6 element pairs with 3 showing good and 3 revealing fairly good agreement with equation (2a). Thus, we can consider the results in Table 6 as convining evidence of a verification of the sequence in Table 1 with respect to the global Clarke values of granitic rocks.

Table 7 lists results of an investigation on 5 samples of the G1 Weißenstadt-Markleuthen granite from the Fichtelgebirge, F.R.G., founded on experimental data of LENZ (1986) with SiO_2 contents ranging from 65.87 to 70.27 mass%. We find 15 among 21 possible pairs of less abundant major elements with absolute values of the correlation coefficient of at least 0.70. Not less than 6 of them show $|r| \geqq 0.98$

Table 4. Slopes m_{exp}, correlation coefficients r and slopes m_{calc} calculated by means of equation (2a) ($\Delta I = 0.055$) for the less abundant major elements in 4 samples or groups of samples, respectively, from volcanics of 4 different island arces (New Hebrides Island Arc, Japan Island Arc, Aleutian Islanc Arc, Western Pacific Island Arc)

	m_{exp}	r	m_{calc}
Mg–Ca	1.79	0.86	1.18
Fe–Ti	−1.25	−0.92	1.17
Na–K	0.486	0.79	0.133
Ca–K	−0.652	−0.81	−1.28
Ca–Na	−1.19	−0.91	−9.67
Mg–Mn	0.942	0.75	2.46
Mg–Na	−2.48	−0.91	−11.4
Fe–Ca	1.14	0.73	0.621
Ca–Mn	0.476	0.79	2.09
Fe–K	−1.18	−0.94	−0.797
Mn–Na	−2.08	−0.95	−4.63
Mn–K	−1.14	−0.85	−0.613

Table 5. Slopes m_{exp}, correlation coefficients r and slopes m_{calc} calculated by means of equation (2a) ($\Delta I = 0.067$) for the less abundant major elements in 5 low-Si andesites of Mt. Bagana, Bougainville, Western Pacific Island Arc

	m_{exp}	r	m_{calc}
Mg–Fe	2.08	0.96	1.82
Mg–Na	1.32	0.91	−6.99
Fe–Na	0.529	0.79	−3.85

Table 6. Slopes m_{exp}, correlation coefficients r and slopes m_{calc} calculated by means of equation (2a) ($\Delta I = 0.0097$) for global Clarke values of pairs of the less abundant major elements in granites, quartz monzonites, granodiorites and quartz diorites

	m_{exp}	r	m_{calc}
Mg–Ca	1.07	0.998	1.07
Fe–Ti	1.10	0.95	2.06
Na–K	−0.164	−0.877	−0.408
Ca–K	−0.806	−0.89	−1.52
Ca–Na	4.67	0.97	3.74
Mg–Fe	2.13	0.985	2.30
Mg–Ti	2.36	0.94	4.75
Mg–Mn	3.65	0.87	5.43
Mg–Na	5.07	0.98	4.00
Mg–K	−0.850	−0.87	−1.63
Fe–Ca	0.492	0.993	0.465
Ca–Ti	2.36	0.94	4.44
Ca–Mn	3.42	0.87	5.07
Ti–Na	1.77	0.86	0.842
Fe–K	−0.408	−0.91	−0.708
Ti–K	−0.281	−0.73	−0.343
Mn–Na	1.10	0.90	0.737
Mn–K	−0.227	0.98	−0.300
Fe–Na	2.24	0.95	1.74
Fe–Mn	1.69	0.87	2.36

Table 7. Slopes m_{exp}, correlation coefficients r and slopes m_{calc} calculated by means of equation (2a) ($\Delta I = 0.012$) for the concentrations of the less abundant major elements in 5 samples of the Weißenstadt-Markleuthen granite, Fichtelgebirge, F.R.G.

	m	q	r	m_{calc}
Mg–Ca	1.21	−0.381	0.9998	1.07
Fe–Ti	0.974	0.730	0.998	1.89
Ti–Mn	1.16	1.17	0.96	1.13
Ca–K	−1.37	1.23	−0.89	−1.52
Mg–K	−1.65	1.11	−0.89	−1.62
Fe–Ca	1.12	0.179	0.9986	0.472
Fe–Mg	0.929	0.533	0.9987	0.442
Mg–Ti	1.05	0.212	0.9996	4.28
Mg–Mn	1.22	1.44	0.97	4.81
Ca–Ti	0.867	0.490	0.9997	4.00
Ca–Mn	1.01	1.51	0.97	4.50
Fe–Mn	1.14	1.88	0.97	2.13
Fe–K	1.58	1.59	−0.91	−0.716
Ti–K	−1.58	0.858	−0.89	−0.379
Mn–K	−1.33	−0.290	−0.90	−0.337

among these are 3 with $|r| \geqq 0.9996$. Comparison between m_{exp} and m_{calc} reveals 4 element pairs with good and 5 with fairly good agreement. In 6 cases there are discrepancies equation (2a). Restriction to $0.5 < m_{calc} < 2.0$ reveals 6 element pairs, 4 of them with good and 2 with fairly good agreement. Thus, we can consider the series of samples from the Weißenstadt-Markleuthen granite as verifying a series of rocks formed by fractional crystallization of a uniform parent magma.

A completely different picture is obtained for a series of 4 granitic rocks from 4 different regions in the Southern part of the G.D.R. Table 8 lists results of investigations hereto. We select the Ramberg granite of the Ramberg massif, Harz, with an average SiO_2 content of 75.13 mass% (using experimental data of EIDAM & SEIM (1971), the Younger granites JG 1, JG 2 and JG 3 from the Eibenstock massif, Western Erzgebirge, with an average SiO_2 content of 74.9 mass% (using experimental data of TISCHENDORF & SCHUST 1980), the GM-2 Mittweida granite of the Saxonian Granulitgebirge with an average SiO_2 content of 72.35 mass% (using experimental data of WERNER (C.-D. WERNER, Bergakademie Freiberg, private communication)) and the Trusetal granite, Thüringer Wald with an average SiO_2 content of 65.51 mass% (using analytical data of a group of the Bergakademie Freiberg (Autorenkollektiv 1970).)

The selection of these 4 granites warrants comparableness to the graduation of SiO_2 contents in Table 6. Table 8 reveals only 9 among 21 pairs of less abundant major elements with $r \geqq 0.70$, no one of them showing good agreement between m_{exp} and m_{calc} and only one with fairly good agreement (Mg—Ca). Restriction to $0.5 < m_{calc} < 2.0$ reveals one pair with fairly good agreement and one with a severe discrepancy between m_{exp} and m_{calc}. Thus Table 8 gives a verification of a series of granitic rocks not formed by fractional crystallization of a uniform parent magma in the sequence shown in Table 1.

In order to verify a part of a series of rocks formed by crystallization of a uniform parent magma in the sequence of Table 1 we select 5 samples from the Kriebetal granite dyke, Saxonian Granulite Massif, G. D. R. ranging from 69.8 to 72.6 mass% SiO_2 (using experimental data of H. BOTHE (H. BOTHE, Central Institute of Isotope and Radiation Research, Leipzig, private communication)).

Table 9, which lists the results of an investigation of the lg ^1c to lg c^2 correlations of the less abundant major elements in the Kriebetal granite, reveals only 3 pairs with $r \geqq 0.70$ among 21 possible pairs, only one showing fairly good agreement between m_{exp} and m_{calc}. The remaining 2 pairs do not follow equation (2a) at all. Many other investigated rock series in the Southern part of G.D.R. comprising only a small range of differentiation reveal a similar picture and contribute to accomplishing the sequence in Table 1.

Table 8. Slopes m_{exp}, correlation coefficients r and slopes m_{calc} calculated by means of equation (2a) ($\Delta I = 0.000$) for the concentrations of the less abundant major elements in 4 granites from 4 different regions of the Southern part of the G.D.R.

	m_{exp}	r	m_{calc}
Mg−Ca	1.60	0.990	1.04
Ca−Na	−2.36	−0.80	2.65
Mg−Ti	1.30	0.982	6.55
Mg−Mn	0.997	0.70	7.20
Mg−Na	−3.36	−0.71	2.77
Ca−Ti	0.802	0.980	6.27
Ca−Mn	0.675	0.77	6.90
Ti−Na	−2.56	−0.71	1.10
Mn−Na	−2.95	−0.88	0.385

Table 9. Slopes m_{exp}, correlation coefficients r and slopes m_{calc} calculated by means of equation (2a) ($\Delta I = 0.0039$) for the concentrations of the less abundant major elements in 5 samples of the Kriebetal granite dyke, Saxonian Granulite Massif, G.D.R.

	m_{exp}	r	m_{calc}
Mg−Ca	0.487	0.93	1.04
Fe−Ti	0.555	0.94	2.38
Ca−K	5.12	0.83	−1.59

Discussion

In order to achieve a quantitative comparison of the members of the sequence in Table 1 we introduce η_c as the quotient of the number of correlations with $r \geqq 0.70$, divided by the possible number of correlations ($\frac{1}{2} n(n-1)$, where n is the number of investigated chemical elements) and η_{a-b} as the quotient of the difference between the number of correlations with good agreement between m_{exp} and m_{calc} and the number of correlations with discrepancies between these values, divided by the number of correlations with $r \geqq 0.70$. (The number of correlations with "satisfactory agreement" is ignored.) Further η'_{a-b} is defined as the parameter corresponding to η_{a-b} for $r \geqq 0.70$ and $0.5 < m_{calc} < 2.0$. Thus, the larger η_c, η_{a-b} and η'_{a-b} are, the better equation (2) suffices for the correlations. Complete agreement is expressed by $\eta_c = \eta_{a-b} = \eta'_{a-b} = 1$.

Table 10 which summarizes the results of our calculations in the preceding chapters using these parameters shows that series of rocks generated by fractional crystallization of a uniform parent magma can clearly be distinguished from rock series of another history.

For lack of reliable global Clarke values of trace elements in many of the particular rock types we refrained from involving these elements into the comparative investigations of the preceding two chapters. Nevertheless, there is a lot of evidence that the systematics of Tables 1 and 10 is valid not only for the less abundant major elements, but also for trace elements. Let us refer to some island arc volcanics from the Lesser Antilles using data from BROWN, HOLLAND et al. (1977) and REA (1974).

The 15 elements Ti, Fe, Mn, Mg, Ca, Na, K, Rb, Sr, Ba, V, Cr, Ni, Cu and Zn in volcanics of the island St. Kitts reveal 51 among $\frac{1}{2} 15(15-1) = 105$ possible pairs with $r \geqq 0.70$ and only 14 of them show severe discrepancies between m_{exp}

Table 10. The parameters η_c, η_{a-b} and η'_{a-b} for the sequence of genetic types of rock series in Table 1 for the investigated island arc volcanics and granitic rocks

	island arc volcanics			granitic rocks		
	η_c	η_{a-b}	η'_{a-b}	η_c	η_{a-b}	η'_{a-b}
part of a series of rocks formed by fractional crystallization of a uniform parent magma	0.14	−0.67	0.00	0.14	−0.67	0.00
series of rocks formed by fractional crystallization of a uniform parent magma	1.00	0.19	0.20	0.71	−0.13	0.67
series of rocks of a certain type not formed by fractional crystallization of common parent magma	0.57	−0.42	−0.33	0.43	−0.89	−0.50
global totality of continental magmatic rocks of a certain type	0.81	0.24	0.60	0.95	0.45	0.50

and m_{calc}. (Restriction to $0.5 < m_{calc} < 2.0$ reduces this figure to 6.)
The 13 elements Ti, Fe, Mg, Ca, Na, K, Li, Rb, Sr, Ba, V, Co and Cu in volcanics of the island Montserrat establish 22 among 78 pairs with $r \geqq 0.70$, 14 of them with good and the remaining 8 with fairly good agreement between m_{exp} and m_{calc}, 3 among these within the region of $0.5 < m_{calc} < 2.0$.
The 13 elements Ti, Fe, Mn, Mg, Ca, Na, K, Rb, Ba, Cr, Ni, Cu and Zn in volcanics of the island Dominica show 62 among 78 possible pairs, only 16 of them revealing severe discrepancies between m_{exp} and m_{calc}. (Restriction to $0.5 < m_{calc} < 2.0$ reduces the number of discrepancies to 2 pairs (Ti—Mn and Ca—Ba).)
The 13 elements Ti, Fe, Mn, Mg, Ca, Na, K, Rb, V, Cr, Ni, Cu and Zn in volcanics of the island Granada establish 65 pairs among 78 pairs. Not less than 28 pairs show good and 17 satisfactory agreement between m_{exp} and m_{calc}.

Conclusions

We conclude that equation (2) is an effective tool for evaluating the genesis of magmatic rocks, particularly with respect to identifying rock series with a fractional crystallization history. The present investigation on $\lg {}^1c$ to $\lg {}^2c$ correlations of island arc volcanics and granitic rocks reveals that the examination of the slopes of the corresponding regression lines is at least as an effective means of proofing validity of equation (2) as the examination of the correlation coefficients.
We conclude that linear $\lg {}^1c$ to $\lg {}^2c$ correlation according to equation (2) is valid not only for trace elements, but also for the less abundant major elements Ti, Fe, Mn, Mg, Ca, Na and K and that this probably also refers to the Rayleigh equation (1) which equation (2) is derived from.
We conclude that global continental and local magmatism can be generally discussed in terms of one and the same solid-liquid distribution coefficients. This can be understood if one assumes that the majority of continental igneous rocks of a certain type crystallize from magmas of more or less uniform temperature, pressure, water content and chemical composition with respect to the content of O, Si and Al, while the concentrations of the less abundant major elements and the trace elements in the global totality of magmas are governed by random distribution.

Summary

Certain series of magmatic rocks are characterized by linear relationships between the logarithms of the concentrations ${}^1c$ and ${}^2c$ of a large number of element pairs 1—2:

$\lg {}^1c = m \lg {}^2c + q,$

where m is the slope and q the intersect of the corresponding regression line. It is substantiated and exemplified that not only series of igneous rocks formed by fractional crystallization of a common parent magma, but also the global totality of continental rocks of a certain type are distinguished by such linear $\lg {}^1c$ to $\lg {}^2c$ correlations with absolute values of the correlation coefficient r close to unity and slopes m of the regression line close to $\frac{{}^1D - 1}{{}^2D - 1}$, where ${}^1D$ and ${}^2D$ are the solid-liquid distribution coefficients of the elements 1 and 2. It is further shown that this is valid not only for pairs of trace elements, but also for pairs with the less abundant major elements Ti, Fe, Mn, Ca, Mg, Na and K.

Zusammenfassung

Bestimmte Serien magmatischer Gesteine sind durch lineare Beziehungen zwischen den Logarithmen der Konzentrationen ${}^1c$ und ${}^2c$ einer großen Zahl von Elementpaaren 1—2 charakterisiert:

$\lg {}^1c = m \lg {}^2c + q,$

worin m die Neigung und q der Ordinatenabschnitt der entsprechenden Regressionsgeraden ist. Es wird abgeleitet und an Beispielen dargestellt, daß nicht nur durch fraktionierte Kristallisation eines gemeinsamen Ausgangsmagmas gebildete Serien magmatischer Gesteine, sondern auch die globale Gesamtheit kontinentaler Gesteine eines bestimmten Typs durch solche linearen $\lg {}^1c - \lg {}^2c$ Beziehungen ausgezeichnet sind, und zwar mit nahe bei eins liegenden Absolutwerten des Korrelationskoeffizienten r und Neigungen m der Regressionsgeraden nahe bei $\frac{{}^1D - 1}{{}^2D - 1}$, worin ${}^1D$ und ${}^2D$ die Fest-Flüssig-Verteilungskoeffizienten der Elemente 1 und 2 sind. Es wird weiterhin gezeigt, daß dies nicht nur für Paare von Spurenelementen gilt, sondern auch für Paare mit den weniger häufigen Hauptelementen Ti, Fe, Mn, Ca, Mg, Na und K.

Резюме

Определенные серии магматических пород характеризуются линейными отношениями между логарифмами концентраций ${}^1c$ и ${}^2c$ большого числа пар элементов 1—2: $\lg {}^1c = m \lg {}^2c + q$, где m означает наклон, а q—отрезок на оси ординат соответствующей регрессионной прямой. Показано и иллюстрируется примерами, что такими линейными отношениями $\lg {}^1c - \lg {}^2c$ отличаются не только серии магматических пород, образованные путем фракционной кристаллизации общей исходной магмы, но и глобальная совокупность континентальных пород определенного типа, а именно те, которые характеризуются абсолютными значениями коэффициента корреляции r близким к единице и наклоном регрессионной прямой m близкой к $\frac{{}^1D - 1}{{}^2D - 1}$, где ${}^1D$ и ${}^2D$ являются коэффициентами распределения элементов 1 и 2 между твердым состоянием и жидкостью. Кроме того показано, что это не только справедливо для пар редких элементов, но и для пар, представленных относительно не часто встречающимися главными элементами Ti, Fe, Mn, Ca, Mg, Na и K.

References

ALLEGRE, C. J.; MINSTER, J. F.: Quantitative models of trace element behavior in magmatic processes. — Earth & planet. Sci. Letters, Amsterdam 38 (1978) S. 1 bis 25
Autorenkollektiv: Geochemie granitoider Gesteine im Erzgebirge und Thüringer Wald. — Freiberger Forsch.-H. R. C 259, Leipzig (1970) S. 7—78
BROWN, G. M.; HOLLAND, J. G.; SIGURDSON, H.; TOMBLIN, J. F.; ARCULUS, J. R.: Geochemistry of the Lesser Antilles volcanic island arc. — Geochim. et cosmochim. Acta, London 41 (1977) S. 785—801
BUDE, M. in KAY, R. W.: Aleutian Magnesian Andesites: Melt from subducted pacific ocean crust. — J. volc. geothermal Res., Amsterdam 4 (1978) S. 117—132
DUPNY, C. u. a.: Geochemistry of basalts from Central and Southern New Hebrides arc: Implication for their source rock composition. — Earth & planet. Sci. Letters, Amsterdam 60 (1982) S. 207—227
EIDAM, J.; SEIM, R.: Zur Geochemie und Genese des Ramberg-Massivs. — Chemie Erde, Jena 29 (1971) S. 277—341
GAST, P. W.: Trace element fractionation and the origin of tholeiitic and alkaline magma types. — Geochim. et cosmochim. Acta, London 32 (1968) S. 1057—1086
HENDERSON, P.: Inorganic Geochemistry. — Oxford—New York—Toronto—Sydney—Paris—Frankfurt: Pergamon Press 1982. S. 155—183
ISHIZAKA, K.; CARLSON, R. W.: Nd—Sr-systematics of the Setouchi volcanic rocks, Southwest Japan: a clue to the origin of organic andesite. — Earth & planet. Sci. Letters, Amsterdam 64 (1983) S. 327—340
LENZ, H.: Rb/Sr-Gesamtgesteins-Altersbestimmung am Weißenstadt-Markleuthener Porphyrgranit des Fichtelgebirges. — Geol. Jb., R. E, Hannover 34 (1986) S. 67—76
O'HARA, M. J.: Geochemical evolution during fractional crystallization of a periodically refilled magma chamber. — Nature, London 266 (1977) S. 503
RAYLEIGH, J. W. S.: Theoretical Consideration Respecting the Separation of Gases by Diffusion and Similar Processes. — Philos. Mag. 42 (1896) S. 493—498
REA, W. J.: The volcanic geology and petrology of Montserrat, West India. — J. geol. Soc., London 130 (1974) S. 341—366
SHAW, D. M.: Trace element fractionation during anatexis. — Geochim. et cosmochim. Acta, London 34 (1970) S. 237—243
TAYLOR, S. R.; CARP, A. C.; GRAHAM, A. L.: Trace Elements Abundances in Andesites II. Saipan, Bougainville and Fiji. — Contr. Mineral & Petrol., Berlin (West) 23 (1969) S. 1—26
TISCHENDORF, G.; SCHUST, F.; LANGE, H.: K geochimičeskoj specializacii granitov rudnych gor. — Geol. i Geofiz., Novosibirsk 2 (1980) S. 27
WEDEPOHL, K. H.: Handbook of Geochemistry, Vol. I. — Berlin(West)—Heidelberg—New York: Springer-Verlag 1969. S. 235—249
WETZEL, K.: Ein halbempirischer Ansatz zur Berechnung der Verteilungskoeffizienten einer Reihe von Kationen zwischen natürlichen Alumosilikaten und ihren Schmelzen. — Chemie Erde, Jena 45 (1986) S. 251—272 (1986a)
— Correlation between Parent and Daughter Element Concentrations as a Means of Valuing Rb—Sr-, Sm—Nd-, and K—Ca-Isochrons of Igneous Rocks. — Isotopenpraxis, Berlin 22 (1986) S. 109—114 (1986b)
— Natural Element and Isotope Separations by Phase Conventions. — 3. Communication: General Treatment of Phase Transformations Including Non-equilibrium processes. — Z. geol., Wiss., Berlin (im Druck)
— Natural Element and Isotope Separation by Phase Transformation. — ZfI-Mitt., Leipzig (im Druck)
WETZEL, K.; HABERLANDT, R.: Fractional Crystallization Models for Calculating Distribution Coefficients of Chemical Elements between Magmas and their Crystallization Products. — Isotopenpraxis, Berlin 23 (1987) S. 95—103

Stratigraphisch genetische Erkenntnisse aus der Überbaggerung der Rinne Gosda–Klinge

Ralf Kühner, Roland Kloss, Cottbus; Karsten Baumann, Peitz; Frank Mädler, Forst

Einleitung

In der NE-Lausitz sind die derzeitig wie auch die zukünftig im Abbau stehenden Braunkohlefelder dadurch gekennzeichnet, daß sie von pleistozänen Rinnen umgrenzt bzw. zerteilt werden (Abb. 1), die z. T. im Zuge der Tagebauführung überwunden werden müssen. Hinzu kommt, daß technologische Grundkonzeptionen die Überbaggerung von kohlefeldbegrenzenden Rinnen für Neuaufschlüsse aus Randschläuchen bereits fördernder Tagebaue zwingend notwendig machen.
Für die sich abzeichnende Problematik, sich in Zukunft verstärkt mit der geologischen Deutung derartiger Strukturen beschäftigen zu müssen, sollen die Erkenntnisse aus der Überbaggerung der besonders detailliert erkundeten Rinne Gosda—Klinge Anstoß und Hinweis sein, nicht zuletzt auch, um der Quartärgeologie aus den dabei entstehenden Aufschlüssen neue Aspekte für die Klärung spezieller Fragen liefern zu können.

Allgemeine Angaben

Der NE-Teil des Bezirkes Cottbus ist in seiner heutigen Gestalt maßgebend durch die Auswirkungen der pleistozänen Vereisungen geprägt worden. Das Baruther Urstromtal zieht sich als E—W gerichtete Abflußbahn zentral durch das Bearbeitungsgebiet. Südlich vorgelagert findet man die Reste einer ehemals einheitlichen saalezeitlichen Hochfläche, die durch zahlreiche jungpleistozäne Talungen zerteilt wird. Für die Rinne Gosda—Klinge bilden die Weißagker Hochfläche im Norden und Osten sowie die Dubrauer Hochfläche im Süden den näheren geologischen Rahmen (Abb. 2). Sie selbst befindet sich im N-Teil des Gosda-Groß Jamnoer Tales. Die NW—SE streichende Struktur hat bei einer mittleren Breite von ca. 500 m eine Längserstreckung von etwa 4 km.

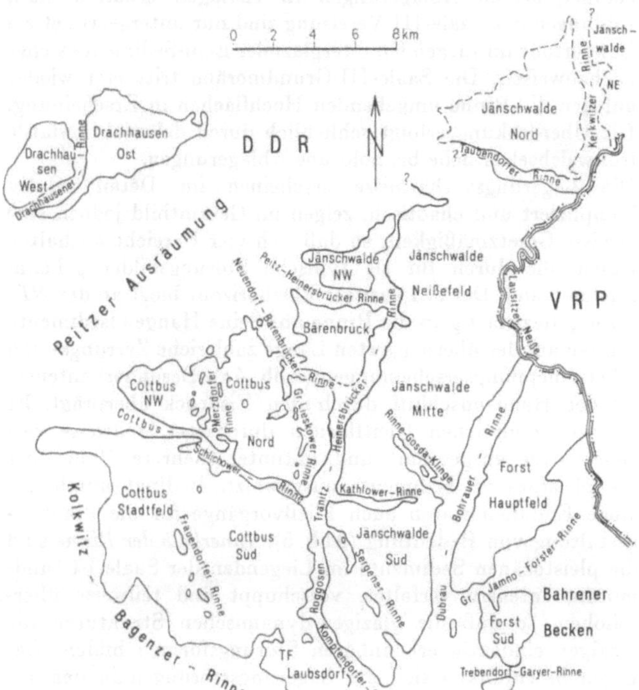

Abb. 1. Lage und Verlauf pleistozäner Rinnen in der NE-Lausitz

Eingang des Manuskripts in der Redaktion: 20. 4. 1987

Im Südosten mündet sie in die Dubrau-Bohrauer Rinne. Die bekannte maximale Erosionstiefe liegt im Niveau der hangenden Schluffe der Spremberger Folge, wobei ein generelles Ansteigen der Pleistozänbasis von Südosten nach Nordwesten zu verzeichnen ist.

Die Überbaggerung erfolgte im Zeitraum 1982 bis 1986 durch einen F-60-Brückenverband. Damit wurde erstmalig eine Rinne dieser Größe mit einer derartigen Gerätekombination bewältigt.

Erkundungsmethodik

Im Rahmen der ersten systematischen Erkundung des Braunkohlefeldes Jänschwalde im Jahre 1960 wurden erstmals gezielt Bohrungen in das seit mindestens 1923 bekannte kohleleere Gebiet östlich von Klinge geteuft. Dabei wurde der Begriff „Ausräumungszone Klinge—Gosda" geprägt. 1964 erfolgten auf zwei Profilen Gravimeter- und Drehwaagemessungen, deren Ergebnisse Aussagen zur Flankengestaltung ermöglichten. Eine weitere Erkundungsphase im selben Jahr präzisierte z. T. die bisherigen Erkenntnisse. Bei Bohrlochabständen zwischen 200 und 500 m blieb jedoch der Aufbau der Rinne zum großen Teil noch unbekannt. Deshalb wurde von 1972 bis 1978 eine intensive Untersuchung im Zusammenhang mit der systematischen Erkundung des Gesamtfeldes betrieben. Dabei erfolgten erstmalig Geschiebe-, Schotter- und Pollenanalysen durch das Zentrale Geologische Institut, Berlin. In Verbindung mit Längs- und Querprofilen konnten Aufbau und Genese in den Grundzügen geklärt werden. Ausgehend von diesen Ergebnissen wurde 1981/82 eine weitere gravimetrische Vermessung realisiert, die relativ eindeutige Aussagen zur Rinnengrenze brachte. Durch die betriebliche Detailerkundung verdichtete sich der Bohrlochabstand in ausgesuchten Profilen auf 50 bis 80 m. Auf der Grundlage aller vorhandenen Ergebnisse wurde eine stratigraphische Bearbeitung aller geologischen Schnitte durchgeführt, und es wurden weitere Aussagen zur Genese getroffen.
Mit Beginn der Überbaggerung der Rinne im Jahre 1982 wurden systematische Böschungsbemusterungen in einem Abstand von 20 bis 40 m durchgeführt und dokumentiert, die durch einzelne Trokkenbohrungen Ergänzung fanden.

Füllung und Lagerungsverhältnisse

Generell kann festgestellt werden, daß die Rinne keine einheitliche Füllung besitzt. Während der nördliche Teil überwiegend rollig ausgebildet ist (Abb. 3A), dominieren im Süden bindige Komplexe mit Mächtigkeiten über 80 m (Abb. 3C).

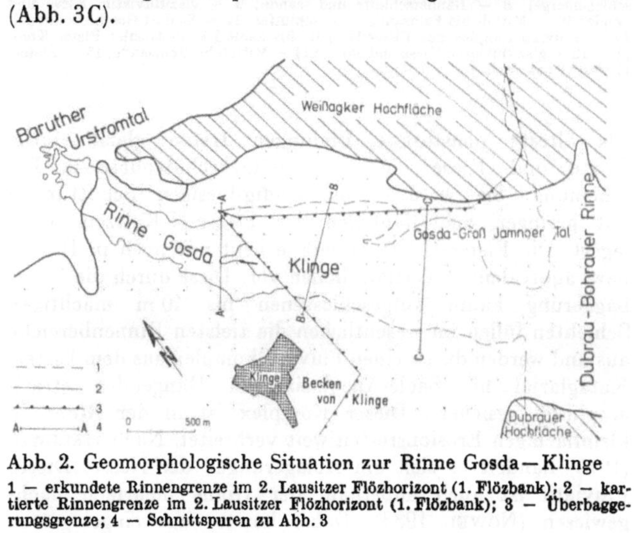

Abb. 2. Geomorphologische Situation zur Rinne Gosda—Klinge
1 — erkundete Rinnengrenze im 2. Lausitzer Flözhorizont (1. Flözbank); 2 — kartierte Rinnengrenze im 2. Lausitzer Flözhorizont (1. Flözbank); 3 — Überbaggerungsgrenze; 4 — Schnittspuren zu Abb. 3

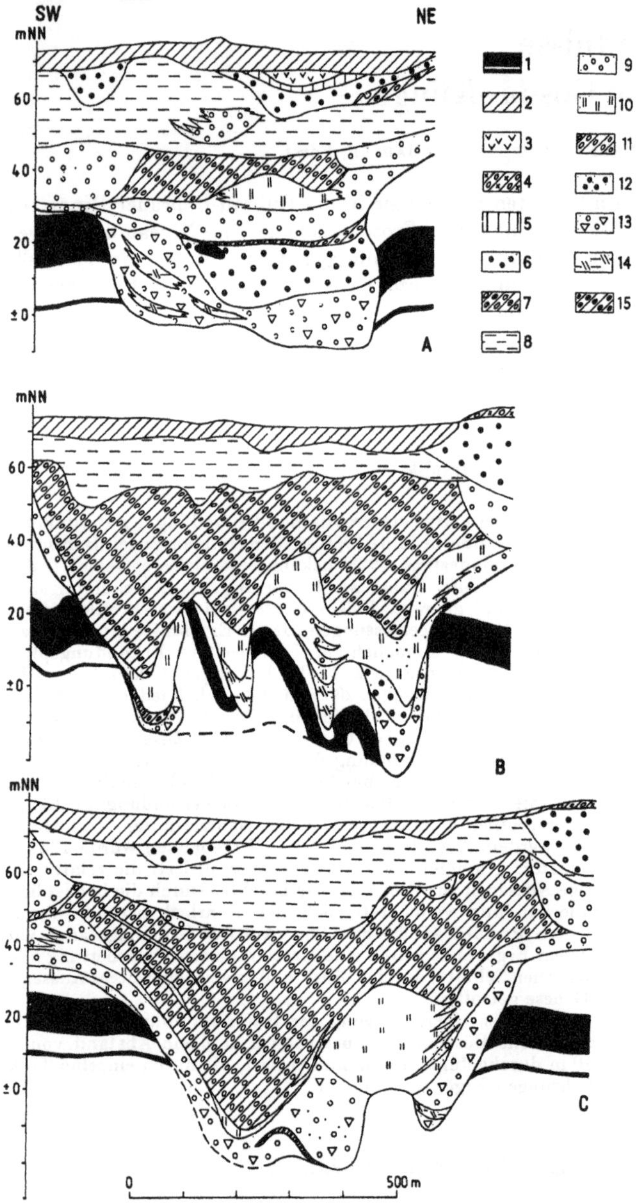

Abb. 3. Geologische Schnitte durch die Rinne Gosda—Klinge (Schnittspuren s. Abb. 2)

1 — 2. Lausitzer Flözhorizont mit Unterbegleiter; 2 — Frühweichsel bis Holozän; 3 — Eem-Interglazial mit Torfen und Mudden; Saale-Komplex: 4 — Saale-III-Geschiebemergel; 5 — Bänderton; 6 — Tranitzer Fluviatil; 7 — Saale-II-Geschiebemergel; 8 — Bänderschluffe und -sande; 9 — glazifluviatile Kiese und Sande; 10 — Mittel- bis Feinsande, z. T. schluffig; 11 — Saale-I-Geschiebemergel; 12 — Fluviatilkomplex des Elster-II-Spät- bis Saale-I-Frühglazials; Elster-Komplex; 13 — glazifluviatile Kiese und Sande; 14 — Mittel- bis Feinsande; 15 — Elster-II-Geschiebemergel

Als älteste pleistozäne Bildungen treten glazifluviatile Sande und Kiese der Elster-I-Nachschüttphase in Erscheinung. Sie werden von sandig-kiesigen Schüttungen mit geringen Schluffanteilen der Elster-II-Kaltzeit überlagert. Die Elster-II-Grundmoräne liegt nur noch in Resten bzw. äquivalenten Tertiärschollen vor. Diese durch die Überbaggerung kaum aufgeschlossenen bis 40 m mächtigen Schichten füllen im wesentlichen die tiefsten Rinnenbereiche aus und werden durch einen Fluviatilkomplex aus dem Elster-Kataglazial bis Saale-Anaglazial im Hangenden stratigraphisch gesichert. Dieser Komplex ist in der Rinne in kleinflächigen Erosionsresten weit verbreitet. Nach HELLWIG (1975) handelt es sich um Ablagerungen der Neiße. Dieses Fluviatil ist auch außerhalb der Rinne mehrfach nachgewiesen (NOWEL 1983). Dabei konnte aus eingelagerten Ton-Schluff-Mudden die Pollenzone 6 der Holstein-Warmzeit durch ERD sicher belegt werden (HELLWIG 1975). Derartige Interglazialbildungen wurden jedoch in dem bis 20 m mächtigen Komplex in der Rinne nicht angetroffen. Gelegentlich darin auftretende kryogen gestörte Schlufflagen mit z. T. hohem Gehalt an makroskopischem Pflanzenmaterial, fossile Baumstämme und Verbraunungshorizonte lassen zwar eine Zuordnung zum Holstein-Komplex vermuten, schließen jedoch Saale-Anaglazial-Verhältnisse nicht aus.

Die Saale-I-Vorschüttbildungen beginnen in der Regel mit sandig-kiesigen Bildungen und gehen im Hangenden in sandig-schluffige Schüttungen über. Die als Basalgeschiebemergel einzustufende geringmächtige untere Bank der Saale-I-Grundmoräne zeigt eine tonig-schluffige Matrix mit z. T. hohem Gehalt an aufgearbeitetem Fluviatilmaterial. Für die obere Bank, mit Mächtigkeiten bis zu 60 m, ist eine ausgesprochen sandig-schluffige Grundmasse charakteristisch. Im unteren Teil tritt eine gewisse Schichtung bzw. Laminierung durch sandige Partien auf. Bemerkenswert sind weiterhin zahlreiche Fließstrukturen, Linsen aus sandig-kiesigem Material und relativ uneindeutige Grenzen zu den umlagernden glazilimnischen Bildungen. Dieses als Ablationsgeschiebemergel i. w. S. einzustufende Sediment dürfte vom Lithofaziestyp in erster Linie als laminated bzw. flow till (RÖSSLER 1983) anzusprechen sein. Zwischen beiden Bänken sind inglaziale schluffige Feinsande in Wechsellagerung mit Sanden und Kiesen entwickelt.

Die Nachschüttbildungen beginnen mit glazifluviatilen Ablagerungen, die im N-Teil bis unter das Niveau der unteren Saale-I-Geschiebemergelbank reichen, im S-Teil jedoch nur in Form einzelner Erosionsrinnen auftreten. Generell verbreitet sind Bänderschluffe und -sande, die die glazilimnische Sedimentation zwischen Saale-I- und Saale-II-Glaziation repräsentieren.

Die Saale-II-Grundmoräne ist nur noch in einzelnen Resten vertreten. Das wird auf die Erosionswirkung eines Neißelaufes aus dem Zeitraum Saale-II-Kataglazial bis Saale-III-Anaglazial (Tranitzer Fluviatil nach HELLWIG 1975) zurückgeführt, dessen Ablagerungen in Tieflagen erhalten sind. Bildungen der Saale-III-Vereisung sind nur untergeordnet als Bändertone im Liegenden interglazialer Eem-Sedimente sicher nachzuweisen. Die Saale-III-Grundmoräne tritt erst wieder auf den die Rinne umgebenden Hochflächen in Erscheinung. Die Überdeckung erfolgt schließlich durch deluvial-fluviatile frühweichselzeitliche bis holozäne Ablagerungen.

Die Lagerungsverhältnisse erscheinen im Detail relativ kompliziert und chaotisch, zeigen im Gesamtbild jedoch eine gewisse Gesetzmäßigkeit, so daß sich vier Bereiche aushalten lassen, die durch für sie typische Störungsbilder gekennzeichnet sind. Der 2. Lausitzer Flözhorizont biegt an der *NE-Flanke* flexurartig in die Rinne ab. Seine Hangendsedimente zeigten auf der überbaggerten Länge zahlreiche Zerrungs- und Überschleppungserscheinungen (Abb. 4c). Besonders intensiv ist der Hangendschluff durch den Eisdruck überprägt. Er ist von zahlreichen Gleitflächen durchsetzt, teilweise zerrissen oder ausgedünnt und mitunter mehrere 10 m über die pleistozänen Sedimente ausgewalzt. Bedingt durch das steile Einfallen waren auch Fließvorgänge für die Flankengestaltung von Bedeutung (Abb. 5). *Innerhalb der Rinne* sind die pleistozänen Sedimente im Liegenden der Saale-I-Grundmoräne intensiv verfaltet, verschuppt und teilweise überschoben, so daß die glazigen-dynamischen Strukturen die einzigen eindeutig erkennbaren Störungsformen bilden. Dagegen beschränken sich die Lagerungsstörungen in den Inglazialbildungen auf kleinere, durch Senkungen und Sackungen im Untergrund bedingte Dislokationen. Die obere Bank kann, abgesehen von den erwähnten Fließstrukturen, als ungestört angesehen werden. Das trifft auch auf den mächtigen glazilim-

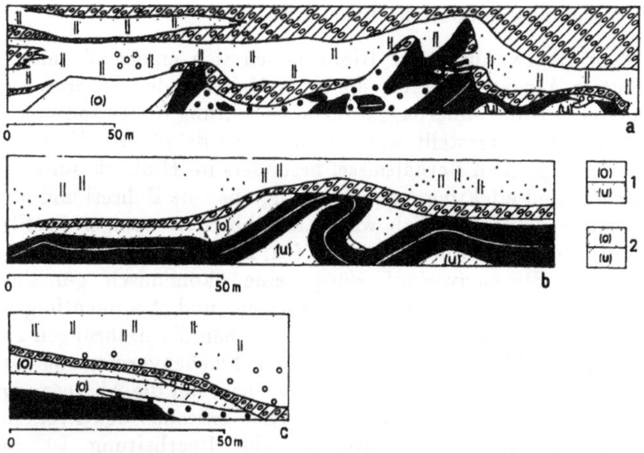

Abb. 4. Böschungskartierungen zur Lagerungsformen in der Rinne Gosda—Klinge

a — Bereich der Kohleinsel; b — SW-Flanke; c — NE-Flanke; 1 — Sande der Oberen (o) und Unteren (u) Briesker Schichten; 2 — Schluffe der Oberen (o) und Unteren (u) Briesker Schichten
übrige Signaturen s. Abb. 3

nischen Komplex zu, der über die gesamte Rinne verbreitet ist. Gelegentliche Fältelungen, die nur in den Beckentiefsten auftraten, dürften auf synsedimentäre, gravitative Rutschungen zurückzuführen sein. Die zahlreichen Bruchstrukturen, die vor allem in den glazifluviatilen Kiessanden auftreten, lassen wiederum auf Sackungen über austauendem Toteis sowie Aus- und Unterspülungen schließen.

Eine im Zentralteil der Rinne vorhandene sogenannte *Kohleinsel* (Abb. 2) ist als ein allochthones Gesteinspaket zu verstehen, das sich aus einer Vielzahl von Einzelschollen aufbaut. Seine Auflage wird in der Regel unmittelbar von der Rinnenbasis gebildet, die ihrerseits durch glazigene Deformationen gekennzeichnet ist. Die einzelnen Schollen sind intensiv verfaltet und verschuppt und liegen mitunter mehrfach übereinandergestapelt (Abb. 4a). Sie sind jeweils aus bis zu sechs zusammenhängenden Schichten aufgebaut. Dabei handelt es sich fast ausschließlich um Material aus den Unteren Briesker Schichten, das mit Sicherheit aus dem Bereich der Rinne selbst stammt. In den meisten Fällen lagern die Schollen unterhalb ihres Ursprungsniveaus, sie können aber auch bis 25 m darüber zum Absatz gekommen sein.

Die *SW-Flanke* sowie das südwestliche Vorland zeigen starke glazigen-dynamische Beanspruchungen. Die Strukturen reichen von einfachen Flözverbiegungen bis zu liegenden SW-vergenten Falten sowie Auf- und Unterschiebungen (Abb. 4b). Dabei können die Faltenamplituden Werte bis über 20 m erreichen. Gelegentlich treten Tertiärschollen bis ca. 50000 m³ auf, die bis auf das südwestliche Vorland geschoben wurden.

Genetisches Modell

Die intensive Erkundung und vor allem die regelmäßigen Kartierungen gestatten es, ein detailliertes Bild der Rinnengenese zu entwerfen. Danach erfolgte die Uranlage der Rinne elsterzeitlich durch glazihydromechanische Erosion an der Gletscherbasis. Dafür sprechen die Elster-I-Nachschüttbildungen als älteste pleistozäne Sedimente, das Fehlen einer basalen Grundmoräne sowie zahlreiche im Streichen der Rinne langgezogene Übertiefungen der Pleistozänbasis, die durch die aus den inglaziären Kanälen austretenden Wässer ausgestrudelt wurden. Im Ergebnis entstand vermutlich ein stark ausgeprägtes Relief mit tief eingeschnittenen Schmelzwasserrinnen und tertiären Restpfeilern, die dem vordringenden Eis des Elster-II-Glazials bevorzugte Angriffspunkte boten. Die dabei losgerissenen Schollen treten im Bereich der Kohleinsel als Äquivalent der Elster-II-Grundmoräne in Erscheinung. Die zeitliche Einstufung dieses Vorganges wird durch die Überlagerung der Schollen durch den beschriebenen Fluviatilkomplex gesichert (Abb. 6). Ab Elster-Kataglazial wurde die noch nicht vollständig gefüllte Rinne als Fließweg für einen Neißelauf wirksam. Die damit verbundene fluviatile Erosion reichte bis unter das Niveau der Elster-II-Grundmoräne.

Die abschließende Prägung erhielt die Rinne im Zuge der Saale-I-Glaziation. Das parallel zur Neißetalung vordringende Eis verursachte im randlichen Tertiärkomplex der NE-Flanke die erwähnten Zerrungs- und Überschleppungserscheinungen. Dagegen belegen die vielfältigen Stauchungen an der SW-Flanke ihre Funktion als Widerlager gegen den sich ausbreitenden Gletscher. Ähnliche Vorgänge müssen auch für die primär elsterzeitlich angelegte Kohleinsel von Bedeutung gewesen sein (Abb. 7). Es ist nicht auszuschließen, daß ihre Ausrichtung im Streichen der Rinne ein Ergebnis der Saale-I-bedingten Beanspruchung gewesen ist. Die in Abb. 8 dargestellten Streichrichtungen glazigener Strukturen lassen die intensive Wirkung des aus Nordnordosten bis Nordosten vordringenden Gletschers erkennen. Sie stehen im Einklang mit der von CEPEK (1961) beschriebenen Hauptbewegung des Saale-Inlandeises.

Die Existenz zweier Saale-I-Geschiebemergelbänke in unterschiedlicher Lithofaziesausbildung läßt auf den Mechanismus

Abb. 5. Fließstruktur im Bereich der NE-Flanke

1 — 2. Lausitzer Flöz; 2 — Hangendschluff mit Grundwasserleiter 4.2; 3 — Ablationsgeschiebemergel Saale I

Abb. 6. Fluviatile Kiessande aus dem Elster-II-Kataglazial bis Saale-I-Anaglazial im Hangenden einer Braunkohlescholle im Top-Bereich der Kohleinsel

Abb. 7. Durch die Saale-I-Gletscher verursachte Überschiebung im Bereich der Kohleinsel (Bildhöhe ca. 2 m)

1 – Braunkohlescholle; 2 – Sande der Oberen Briesker Schichten; 3 – glazifluviatile Schotter der Elster-II-Nachschüttphase

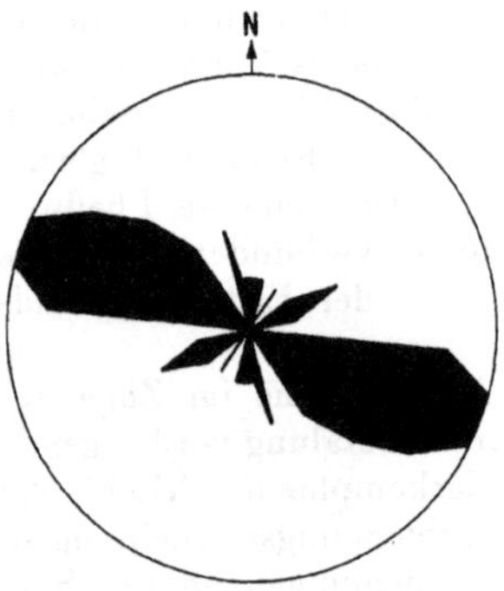

Abb. 8. Richtungsrose der Streichrichtungen glazigen bedingter Strukturen im Tertiär (Faltenachsen, Überschiebungsflächen); $n = 32$

der Entstehung des mächtigen Geschiebemergelkomplexes schließen. Danach hätte ein erster Vorstoß die Neißetalung nachgezeichnet und nur gering exarativ vertieft. Ein weiterer Vorstoß füllte die so geschaffene Hohlform mit Eis aus. Das beim Abtauprozeß entstehende hohe Schmelzwasserangebot führte schließlich zu Umsedimentationen und Fließvorgängen im austauenden Moränenmaterial, wobei die großen Mächtigkeiten das Ergebnis eines ständigen Nachschubes von schuttbelastetem Eis sein müssen. Die Geschiebemergelfüllung erfolgte also in eine bereits existierende Hohlform. Das bedeutet, daß die verbreitete Ansicht, große Geschiebemergelpakete in Rinnen als Beweis für exarative Vorgänge sehen zu können, nicht zutrifft.

Nach Rückzug der Saale-I-Gletscher lagerten die Schmelzwasserströme im N-Teil mächtige Sand- und Kieshorizonte ab, wobei die gröberen Fraktionen kurz vor der Verbreiterung der Rinne dominieren. Weiter südlich ist die Transport- und Tiefenerosionskraft rasch erlahmt. Hier beginnt die geschlossene Verbreitung des Geschiebemergels. In der durch den Volumenschwund des abtauenden Toteises bedingten Senke bildeten sich schließlich mächtige glazilimnische Bänderschluff- und -sandkomplexe, mit denen die Füllung der Rinne im wesentlichen beendet wird.

Die Gletscher der Saale-II- und Saale-III-Vereisung überfuhren die Rinne ohne gravierende Beeinflussung. Die letztlich bis ins Holozän andauernden, relativ erhöhten Setzungen der mächtigen pleistozänen Schichten lassen die Rinne rezent noch als schwache Mulde in Erscheinung treten.

Erkundungsmethodische Erkenntnisse

Nach Überwindung der Rinne lassen sich einige allgemeingültige Aspekte ableiten, die nach Meinung der Autoren bei weiteren Rinnenüberbaggerungen Beachtung finden sollten.

Es mußte festgestellt werden, daß eine detaillierte Klärung der geologischen Verhältnisse, besonders im Hinblick auf eine sichere und effektive Abbauführung, über die Bohrerkundung nicht eindeutig möglich war. Ein Abbohren weniger Profile mit engeren Bohrlochabständen (ca. 20 m) senkrecht zum geplanten Strossenverlauf würde eine ökonomisch günstige Möglichkeit bieten, Lagerungsformen und Sedimentfolgen einschließlich ihrer Interpolation zwischen den Bohrungen zu ermitteln. Mit der gravimetrischen Flächenvermessung ist dabei ein effektiveres Verfahren gegeben, um die Abgrenzung der pleistozänen Füllung zum Tertiär zwischen den Profilen vorzunehmen. Eine stratigraphische Bearbeitung ist in diesem Zusammenhang für ein umfassend gesichertes Lagerstättenmodell unbedingt erforderlich.

Während der Überbaggerung kommt der regelmäßigen Kartierung ein besonders hoher Stellenwert zu. Durch dieses flächendeckende Verfahren ist es möglich, das bestehende Modell ständig zu präzisieren, um so exakte Vorgaben für die Betriebsführung bereitzustellen.

Zusammenfassung

Die Rinne Gosda—Klinge im Niederlausitzer Braunkohlerevier ist eine polygenetische Struktur, die Elster-I-zeitlich subglazial angelegt und durch die Saale-I-Vereisung maßgeblich überprägt wurde. Die vorliegende Arbeit beschreibt Erkenntnisse zu Füllung, Lagerungsverhältnissen und gibt ein detailliertes genetisches Modell. Abschließend werden einige erkundungsmethodische Erkenntnisse formuliert.

Резюме

Русло стока Гозда—Клинге в Нижнелаузицком буроугольном районе является полигенетической структурой, заложенной в период Первого эльстерского ледникового времени и в значительной степени переработанной во время I заальского оледенения. В работе рассматриваются данные по заполнению и условиям залегания отложений и предлагается детальная генетическая модель. В заключение даются некоторые сведения по методике разведки.

Summary

The trench Gosda—Klinge in the Niederlausitz-brown-coal district is a polygenetical structure, which originated subglacially in the Elster-I-period and was strongly influenced by the Saale-I-glaciation. Knowledge about filling and bedding conditions is described and a detailed genetical model is presented. Finally, results of prospection are formulated.

Literatur

CEPEK, A. G.: Grundmoränenstratigraphie im Quartär Brandenburgs und ihre Bedeutung für das Norddeutsche Tiefland. – Geologie, Berlin **10** (1961) 6, S. 720 bis 722

EISSMANN, L.: Glaziäre Destruktionszonen (Rinnen, Becken) im Altmoränengebiet des Norddeutschen Tieflandes. – Geologie, Berlin **16** (1967) 7, S. 804–833

ERD, K.; CEPEK, A. G.: 25 Jahre AK Quartärgeologie der GGW der DDR. Kurzreferate und Exkursionsführer Vortrags- und Exkursionstagung 10.–13. Juli 1986 in Berlin. – Berlin: Gesellsch. geol. Wiss. DDR 1986

HELLWIG, D.: Fluviatile Bildungen innerhalb des Saale-Komplexes im Raum Cottbus–Forst. – Z. geol. Wiss., Berlin **3** (1975) 8, S. 1077–1090

NOWEL, W.: Die geologische Entwicklung des Bezirkes Cottbus, Teil III/B: Das Quartär (Stratigraphie). – Natur u. Landsch. Bez. Cottbus, Cottbus (1983) 5 u. (1984) 6

RÖSSLER, H.: Die Lithofaziestypen von Geschiebemergel. – Z. geol. Wiss., Berlin 11 (1983) 1, S. 113–122

Besonderheiten der Spurenelementführung des Kupferschiefers der Sangerhäuser Mulde und Versuche ihrer Deutung

JÖRG HAMMER, Greifswald; HANS JÜRGEN RÖSLER, Freiberg; SIEGFRIED NIESE, Dresden

Entdeckung und Neuaufschluß des polnischen vorsudetischen Kupfermergels sowie der Lausitzer Kupferschiefer-Vorkommen demonstrieren auch in der Gegenwart die Lagerstättenhöffigkeit des mitteleuropäischen Kupferschiefergürtels. In Anbetracht der guten Perspektiven bei der Suche nach neuen Lagerstättendistrikten bzw. bei der Erweiterung traditioneller Bergbaugebiete ist in den letzten Jahren eine deutliche Zunahme von Kupferschiefer-Erkundungsarbeiten in der VR Polen, der BRD und der DDR zu verzeichnen. Im Ergebnis umfangreicher Explorationsprogramme konnten mehrere Anomalien entdeckt und frühere Annahmen eines unökonomischen Kupferschiefer-Bergbaues z. T. revidiert werden (KULICK, LEIFELD u. a. 1984; SCHUMACHER & SCHMIDT 1985; PAULY 1985).
Mit dem Ziel der Aufdeckung von Gesetzmäßigkeiten der lateralen und vertikalen Verteilung von fazieskritischen, lagerstättengenetisch relevanten und eventuell perspektivisch nutzbaren Komponenten wurden umfangreiche geochemisch-mineralogische Untersuchungen an Kupferschieferprofilen der Sangerhäuser Mulde (SE-Harzvorland) durchgeführt. Dabei wurden die traditionell in Abhängigkeit von den während der Sedimentation bzw. Diagenese vorherrschenden Redox-Verhältnissen ausgehaltenen Bereiche der Pb—Zn-Fazies (stark reduzierende Bedingungen), der Cu-Fazies (schwach reduzierend) und der Rote-Fäule-Fazies (positive Eh-Werte) mit jeweils zwei Profilen beprobt. Die sechs Profile wurden in die für das südöstliche Harzvorland üblichen Flözlagen Feine Lette (FL), Grobe Lette (GL), Kammschale (KS), Schieferkopf (SK), Schwarze Berge (SB) und Dachklotz (DK, Hangendes) sowie Sanderz (SE, Liegendes) unterteilt.
Über erste Ergebnisse der Analyse der Proben mittels instrumenteller Neutronenaktivierung (INAA) konnte unlängst berichtet werden (HAMMER, RÖSLER u. a. 1987).

Stand der spurenelementgeochemischen Untersuchung des Kupferschiefers

Ein von KNITZSCHKE (1966) gegebener Überblick über den Stand elementgeochemischer Forschungen am mitteleuropäischen Kupferschiefer wurde durch eine Reihe von Arbeiten jüngeren Datums inzwischen ergänzt (JUNG, KNITZSCHKE & GERLACH 1974; KNITZSCHKE & GERLACH 1982; KUCHA 1982; GOSŁAWSKA & WOJCIECHOWSKI 1984; KULICK, LEIFELD u. a. 1984 u. a. Autoren), so daß heute Kenntnisse zu den Gehalten einer großen Anzahl von Spurenelementen (u. a. für B, N, Ti, V, Cr, Mn, Co, Ni, Cu, Zn, Ga, Ge, As, Se, Rb, Sr, Mo, Ag, Cd, Sb, Te, Ba, Re, Au, Hg, Tl, Pb, Bi und U) vorliegen. Für den Großteil der Elemente fehlen allerdings systematische Analysen ihrer lateralen und vertikalen Verteilung in Profilen unterschiedlicher Fazieszugehörigkeit.
In den 54 neu entnommenen Proben der Sangerhäuser Mulde konnten mit Hilfe der INAA, der energiedispersiven und wellenlängendispersiven Röntgenfluoreszenz, der Emissionsspektralanalyse und Atomabsorptionsspektrometrie sowie spektralphotometrischer Verfahren neben den Hauptkomponenten (SiO_2, Al_2O_3, CaO, MgO, FeO, C_{org}, S^{2-}, CO_3^{2-}, K_2O, Na_2O, P_2O_5, Cu, Pb und Zn) 39 Spurenelemente bestimmt werden. Einen Überblick zum quantitativ erfaßten Elementspektrum gibt Abb. 1.
Die Konzentrationsintervalle der gehaltsmäßig in den Kupferschieferproben analysierten chemischen Elemente wurden mit einem aus weltweiten Literaturdaten zusammengestellten „Schwarzschieferdurchschnitt" verglichen (Tabelle; HAMMER, RÖSLER u. a. 1987). Die Gegenüberstellung ergibt für eine Reihe von Elementen signifikant höhere Gehalte im Kupferschiefer und weist damit auf geochemische Besonderheiten des Bildungsmilieus bzw. -prozesses hin.

Eingang des Manuskripts in der Redaktion: 12. 5. 1987

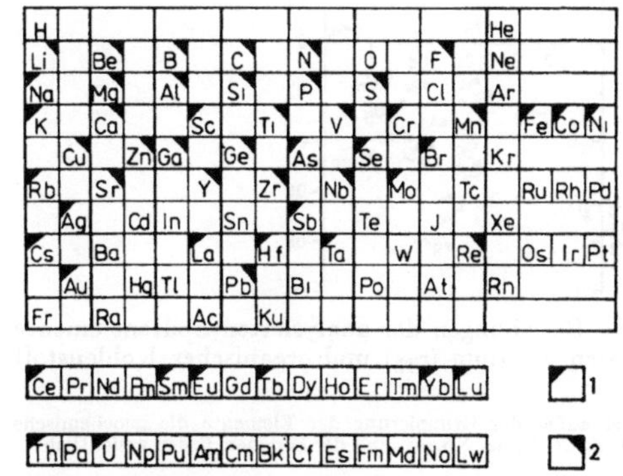

Abb. 1. Quantitativ analysierte chemische Elemente in den untersuchten Kupferschieferproben
1 — INAA, 2 — andere Methoden

Tabelle. Konzentrationsintervalle von Spurenelementen im Kupferschiefer der Sangerhäuser Mulde, in ppm

	Konzentrationsbereich Kupferschiefer (vorliegende Arbeit)	Tonschiefer (VINOGRADOV) 1962)	vorgeschlagener Mittelwert Schwarzschiefer
Li	57—108	60	50
Be	2—10	3	2,5
B	130—390	100	68
N	490—4200	600	—
F	520—1980	500	640
Sc	9,8—20,6	10	15,8
Ti	3400—5800	4500	3800
V	200—3700	130	500
Cr	67—386	100	110
Mn	310—3000	670	340
Co	21—1750	20	27
Ni	42—468	95	63
Cu	20—76900	57	79
Zn	87—20700	80	270
Ga	10—44	30	21
Ge	8,0—14,5	2	1
As	2,52—2000	6,6	24
Se	11,4—163	0,6	4,3
Br	25—225	6	18,0
Rb	120—267	200	120
Sr	50—280	450	150
Y	22—286	30	38
Zr	160—320	200	120
Nb	13—75	20	14
Mo	11—731	2,0	83
Ag	1,6—1800	0,1	0,8
Sn	—	10	2,2
Sb	1,0—66,8	2,0	4,3
Cs	15,5—37,4	5	7,6
Ba	—	800	1050
La	29,2—71,1	40	34,4
Ce	52—105	50	62,6
Nd	—	23	35
Sm	4,1—9,7	6,5	6,0
Eu	0,78—2,11	1,0	1,22
Tb	0,61—1,57	0,9	0,81
Yb	2,2—3,6	3,0	2,9
Lu	0,3—0,55	0,7	0,35
Hf	2,9—8,5	6,0	4,0
Ta	0,92—1,97	3,5	0,86
W	—	2	1,6
Re	0,24—27,3	—	—
Au	< 0,021—7,27	0,001	0,0147
Hg	—	0,4	0,12
Pb	90—12100	20	33
Th	8,7—17,2	11	9,8
U	6,8—673	3,2	23,0

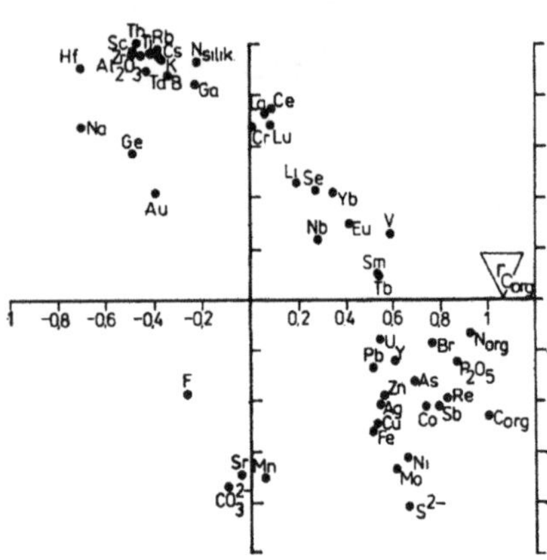

Abb. 2. Korrelative Beziehungen der analysierten Spurenelemente zu den Komponenten Thorium (r_{Th}) und organischer Kohlenstoff ($r_{C_{org}}$)

Aus der Abbildung ist außer der Gruppierung der Elemente die geochemische Sonderstellung von Li, F, Cr, V, Se, Nb, Au und der Seltenen Erden ersichtlich

Neben der Erlangung von Hinweisen zur Bindungsform der Spurenelemente erfolgte die Berechnung von Korrelationskoeffizienten mit dem Ziel, Anomalien in der Verteilung einzelner Komponenten zu erfassen. Eine graphische Aufschlüsselung der in der Regel für 30 Wertepaare ermittelten Korrelationskoeffizienten (Abb. 2) ergibt eine deutliche Gruppierung der Elemente.

Unterschieden werden können eine vorwiegend detritisch-tonmineralogisch gebundene Elementassoziation (positive Korrelation mit Th, negative mit C_{org}), eine biogen bzw. sulfidisch fixierte Elementvergesellschaftung (negative Beziehung zu Th, positive zu C_{org}) und eine karbonatgebundene Gruppe chemischer Elemente (Sr, Mn). Aus Abb. 2 kann eine anomale Position der Elemente Li, F, Cr, V, Se, Nb und Au sowie der Seltenen Erden konstatiert werden, die in Besonderheiten der lateralen und vertikalen Verteilung dieser Komponenten begründet ist. Die Verteilungskurven der Elemente Se, Au und U widersprechen eindeutig bekannten physikochemischen Gesetzmäßigkeiten im exogenen Bereich.

Verteilung ausgewählter Spurenelemente

Gold (Au)

Die in den untersuchten Kupferschieferprofilen festgestellten Au-Konzentrationen übersteigen den von KOROBEJNIKOV (1985) auf der Grundlage mehrerer tausend Einzeldaten ermittelten durchschnittlichen Au-Gehalt von Schwarzschiefern (14,7 ppb) beträchtlich. Ähnlich hohe Au-Werte weisen südchinesische Schwarzschiefer (bis 2490 ppb, FAN DELIAN 1983) und paläozoische „black shales“ des Frankenwaldes (bis 6100 ppb, $\bar{x} = 77$ ppb, SCHMID 1980) auf.

Im Edelmetallschiefer der vorsudetischen Monokline konnten bis zu 3000 ppm Au bestimmt werden (SALAMON 1976). Erzmikroskopische Untersuchungen ermöglichten den Nachweis mehrerer Au-Phasen wie gediegenes Gold, Elektrum, $AuPd_2$, $Ag_6Au_4Pb_2$ u. a. im Kupfermergel der Vorsudeten (KUCHA 1981). Die erhöhten Au-Konzentrationen werden von KUCHA (1983) mit Auslaugungen fossiler Edelmetallseifen im Liegenden des Kupferschiefers durch C_{org}-reiche „brines“ erklärt. UNRUG (1985) verneint die Existenz entsprechender Seifen und führt die Edelmetall-Anreicherungen auf Auslaugungsprozesse im kristallinen Untergrund zurück.

Die Au-Verteilung im Kupferschiefer der Sangerhäuser Mulde ist durch erhöhte Konzentrationen in der Feinen und Groben Lette sowie durch starke Abnahme zum Hangenden hin charakterisiert. Trotz in Richtung der oxydierenden Fazies signifikant abnehmender Gehalte an organischem Kohlenstoff und Sulfidschwefel und entgegen der beim Gold stark ausgeprägten Tendenz zu biogener bzw. sulfidischer Akkumulation sind die lateralen Verteilungskurven durch deutlich in Richtung Rote Fäule zunehmende Konzentrationen gekennzeichnet (Abb. 3).

In den durch Extraktion mittels Chloroform bzw. Benzen/Ethanol-Gemisch abgetrennten unveraschten Bitumenfraktionen des Kupferschiefers konnten unter Anwendung der INAA erhöhte Konzentrationen der Elemente Se, Br und Au festgestellt werden (HAMMER, RÖSLER & GLEISBERG 1988). Die in den organischen Substanzen nachgewiesenen Se- und Au-Werte liegen oberhalb aller in der Literatur für marine Organismen mitgeteilten Konzentrationsangaben. Sie weisen deutliche Anreicherungstrends in Richtung Rote Fäule auf und belegen das in der Schwarzschiefer-Literatur beschriebene Primat der biologischen Fixierung des Goldes (RADTKE & SCHEINER 1970; BRADINSKAJA, RAZVOZŽAEVA u. a. 1981; IVANKIN, INIŠIN & NAZAROV 1985).

Uran (U), Selen (Se) und Vanadium (V)

Ähnlich wie das Au verhalten sich die Elemente V, Se, Br und U während der Kupferschiefer-Sedimentation und -Diagenese typisch organophil. Das belegt die Konformität der vertikalen Verteilungsbilder dieser Elementgruppe mit den C_{org}-Kurven in allen untersuchten Profilen.

Die lateralen Verteilungen des Urans unterscheiden sich signifikant von den Kurvenverläufen des organischen Kohlenstoffes (Abb. 4). Das Fehlen einheitlicher Trends in den Kurven läßt sich mit der ausgesprochen hohen Mobilität des Urans im Verlauf einer oxydierenden Diagenese begründen. Die als Schichtoxydation bekannten Prozesse sind dabei für eine laterale und vertikale Uran-Umverteilung im Flöz verantwortlich.

Das für Schwarzschiefer typocheme Element Selen weicht in seinen Gehalten im Kupferschiefer der Sangerhäuser Mulde (11,4 bis 163 ppm) deutlich vom „black shale“-Durchschnittswert (4,3 ppm) ab. Das Überwiegen der organischen Bindungskomponente für das Se wird durch Kovarianz der vertikalen C_{org}- und Se-Kurven und fehlende Übereinstimmung mit den Sulfidschwefel-Verteilungen unterstrichen (HAMMER, RÖSLER & GLEISBERG 1988). Die lateralen Verteilungskurven weisen, ähnlich wie für das Au, eine beträchtliche Zunahme der Se-Gehalte in Richtung Rote Fäule bei gleichzeitiger Abnahme der C_{org}- bzw. der S^{2-}-Konzentrationen auf.

Für die analysierten Profile kann kein statistisch gesicherter Zusammenhang zwischen den C_{org}- und V-Gehalten festgestellt werden. Der Korrelationskoeffizient ($r = 0{,}59$) liegt nur wenig höher als der für eine Sicherheitsgrenze von 1% berechnete Zufallshöchstwert von 0,47. WEDEPOHL (1964) berichtet über eine gute Korrelierbarkeit beider Komponenten, obwohl das angegebene Diagramm diese Aussage nur bedingt stützt, während KNITZSCHKE (1966) lediglich in der Feinen Lette einen signifikanten Zusammenhang zwischen beiden feststellte. In den Hangendpartien der untersuchten Kupferschieferprofile (ab Kammschale aufwärts) ist eine Zunahme der V-Gehalte in Richtung oxydierende Fazies zu verzeichnen.

Die für diese Komponenten charakteristische Zunahme der Gehalte in Richtung Rote Fäule kann mit einem syn- bis diagenetischen Einfließen sauerstoffreicher metallhaltiger Tiefenwässer in das Kupferschiefersediment, also mit einer Stoffzufuhr über die Rote Fäule erklärt werden.

Das Co/Ni-Verhältnis des Kupferschiefers

Der Kupferschiefer der Sangerhäuser Mulde zeigt in der Beckenfazies im Vergleich zu anderen Schwarzschiefern deutlich höhere Co/Ni-Verhältnisse (Abb. 5). Die Werte variieren

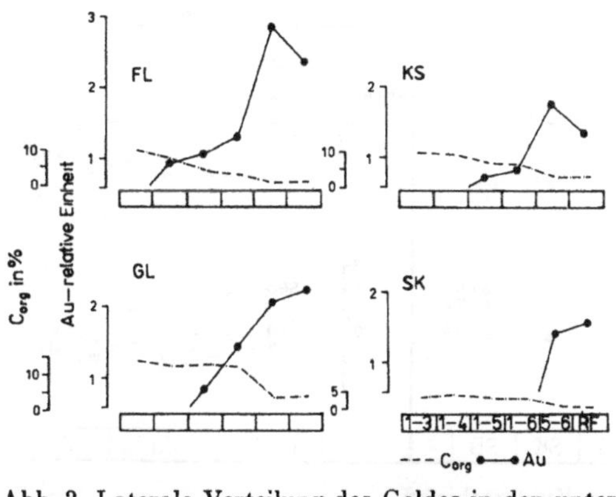

Abb. 3. Laterale Verteilung des Goldes in den untersuchten Kupferschieferprofilen (relative Einheit)

FL – Feine Lette, GL – Grobe Lette, KS – Kammschale, SK – Schieferkopf. Die Proben der am stärksten reduzierten Fazies (Pb–Zn-Schiefer) liegen in der lateralen Reihe links, die der Roten Fäule rechts

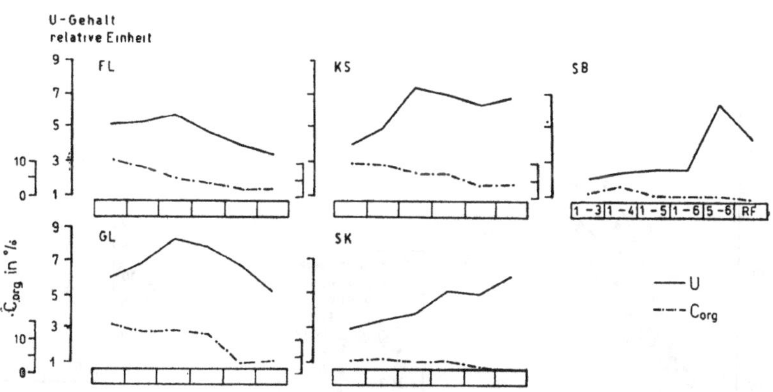

Abb. 4. Verteilung des Urans in Kupferschieferprofilen unterschiedlicher fazieller Position (relative Einheit)

SB – Schwarze Berge; übrige Erklärungen s. Abb. 3

zwischen 0,31 und 4,92 und nehmen bei ansteigenden S^{2-}-Gehalten in den einzelnen Flözprofilen zu, zeigen allerdings keine statistisch signifikante faziesunabhängige Korrelation mit der S^{2-}-Konzentration ($r_{Co/Ni} - S^{2-} = 0,65$). Der Korrelationskoeffizient $r_{Co-Ni-S^{2-}}$ beträgt 0,83. In der Pb–Zn-Fazies nehmen die Co/Ni-Verhältnisse in der Reihenfolge Feine Lette — Sanderz — Grobe Lette — Kammschale — Schieferkopf, Schwarze Berge — Dachklotz ab, während in anderen Faziesbereichen Veränderungen dazu beobachtet werden. Cu-Fazies: Grobe Lette — Kammschale — Schwarze Berge — Schieferkopf — Sanderz, Dachklotz — Feine Lette; Rote-Fäule Fazies: Sanderz — Dachklotz — Schieferkopf, Kammschale — Schwarze Berge — Feine Lette, Grobe Lette.

Eine endgültige Erklärung für die selektive Anreicherung des Co im Vergleich zum geochemisch ähnlichen Ni ist schwierig, sollte allerdings in Besonderheiten der Stoffherkunft und -fixierung bedingt sein.

Kobalt ist unter hypergenen Bedingungen leichter mobilisierbar, da es im Gegensatz zum Nickel weniger häufig in stabile Silikatphasen eingebaut ist.

Die Co/Ni-Werte der permosilesischen Grau- und Rotsedimente im S-Teil der DDR schwanken zwischen 0,32 und 0,53 (RENTZSCH & KAMPE 1979). Plankton reichert nach BOWEN (1966) Co gegenüber Ni selektiv aus dem Meerwasser (Co/Ni = 0,08) bis zu Werten von 0,14 an. Anreicherungen des Co werden auch für geothermale Wässer ($Co/Ni_{max} = 0,23$, UZUMASA 1965) und „hot brines" ($Co/Ni_{max} = 0,48$, WEISBERG, BRAUN & S'JUARD 1982) beschrieben. Diagenetisch gebildete Pyrite weisen im Vergleich zum Trägergestein erhöhte Co/Ni-Verhältnisse auf (BLJUMAN & BOKULEV 1984; VOLKOVA & MITROPOL'SKIJ 1985). Verschiebungen der Co/Ni-Werte von Pyriten zugunsten des Co werden in der Regel als Indikator einer vulkanogenen Genese des Eisensulfides bewertet.

Fluorführung des Kupferschiefers

Die auf der Grundlage der für je ein Profil jedes ausgehaltenen Faziesbereiches konstruierten vertikalen und lateralen Verteilungskurven (Abb. 6) zeigen wesentliche Unterschiede zu denen der beiden wichtigsten Bindungspartner des Fluors im sedimentären Zyklus — P_2O_5 und K_2O. Dabei steht infolge des Fehlens eigener mineralogischer (röntgenographischer) Untersuchungen K_2O stellvertretend für den Gehalt an Phyllosilikaten.

Die vertikalen F-Verteilungen sind durch eine deutliche Zunahme der Gehalte in Richtung Hangendes bei gleichzeitig schwacher Anreicherung in der Groben Lette, der phosphatreichsten Flözlage, gekennzeichnet. Offensichtlich kommt es bei zunehmender Salinität im Hangenden des Kupferschiefers zu einer deutlichen F-Anreicherung im Sediment.

RONOV, GIRIN u. a. (1974) berichten über erhöhte F-Gehalte in Karbonaten arider Zonen (400 bis 1200 ppm). KRÜGER (1962) beschreibt synsedimentäre CaF_2-Bildungen im Plattendolomit des Oberen Zechsteins. Die lateralen Verteilungsbilder des F zeigen keinen generellen Trend der An- und Abreicherung in einem der ausgehaltenen Faziesbereiche. In den Hangendflözlagen ist eine deutliche Abnahme in Richtung Rote Fäule zu verzeichnen.

Weitere stoffliche Besonderheiten des Kupferschiefers

Weiterführende element- und isotopengeochemische Untersuchungen ergaben zusätzliche Hinweise auf Besonderheiten des Lithifizierungs- und Vererzungsprozesses. Die für oxydative Prozesse infolge Destruktion von Eiweißverbindungen charakteristische Zunahme der Kohlenstoff/Stickstoff-Verhältnisse der organischen Substanz kann für die untersuchten Rote-Fäule-Proben nicht festgestellt werden (HAMMER, RÖSLER & GLEISBERG 1988).

Das belegt im Zusammenhang mit spurenelementgeochemischen Untersuchungen an den Bitumenfraktionen deren primär sapropelitischen Charakter und rangiert die mit Hilfe der IR-Spektroskopie und Säulenchromatographie nachgewiesenen oxydativen Veränderungen in das Stadium der Diagenese ein.

Sauerstoff- und kohlenstoff-isotopengeochemische Bearbeitungen der Karbonatfraktion des Kupferschiefers ergaben ebenfalls signifikante faziesabhängige Unterschiede und ermöglichten den Nachweis des Zuflusses meteorischer isotopisch leichter Wässer aus den Rotliegendtrögen über die Rote Fäule in das Kupferschiefersediment (HAMMER, JUNGE u. a., in Vorber.).

Bemerkungen zur Genese der Kupferschiefer-Vererzung

Zusammenfassungen und Wertungen der sehr umfangreichen Literatur zur Genese der Metallanreicherungen im Kupferschiefer sind in jüngster Zeit u. a. in RENTZSCH (1981), KULICK, LEIFELD u. a. (1984), PREIDL & METZLER (1984), KUCHA & PAWLIKOWSKI (1986) enthalten. Als regionale erzkontrollierende Faktoren gelten neben der engen Bindung der Kupferschiefer-Lagerstätten an den Grenzbereich Saxothuringikum/Rhenoherzynikum (RENTZSCH 1981; SPECZIK, SKOWRONEK u. a. 1986) die Lage bauwürdiger Gebiete über

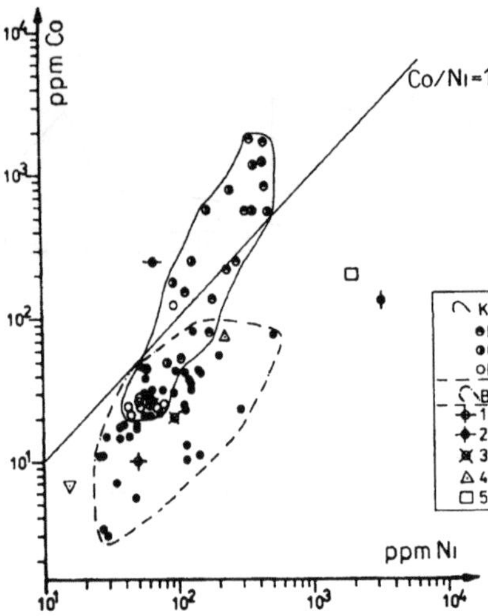

Abb. 5. Co/Ni-Verhältnisse des Kupferschiefers und Vergleichswerte aus der Literatur

1 — VINE & TOURTELOT (1970), 2 — eigenes Schwarzschiefermittel, 3 — Tonschiefermittel, 4 — Mittel Tiefseetone, 5 — Mittel Ultrabasite, 6 — Mittel Granite, 7 — Schwarzschiefer (BAVINTON & TAYLOR 1980), 8 — Schwarzschiefer (KNUTSON & DONNELY (1983)

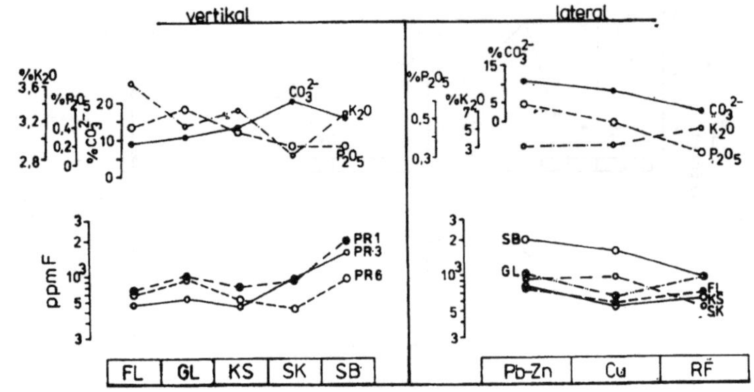

Abb. 6. Fluorverteilung im Kupferschiefer

Die Kurven für K_2O, CO_3^{2-} und P_2O_5 sind in der vertikalen Darstellung für die Pb—Zn-Fazies, in der lateralen für die Grobe Lette aufgetragen. Dabei steht K_2O infolge des Fehlens eingehender mineralogischer Untersuchungen bedingt für die Illit-Komponente
Erklärung siehe Abb. 3

Rotliegend-Molassetrögen im Vorfeld variszischer Grundgebirgsschwellen und die räumliche Verbindung zu Rote-Fäule-Verbreitungsgebieten. Auf die enge Verknüpfung von Reicherzzonen und tektonischer Entwicklung des Untergrundes wiesen u. a. KÖLBEL (1954) und RUDZEWSKI (1978) hin.

RENTZSCH (1981) nahm ebenfalls eine enge genetische Beziehung zwischen Kupferschiefer-Mineralisation und Spätphasen der Entwicklung der Kristallinzone an.

1976 verzeichnen RENTZSCH, SCHIRMER u. a. eine geringe postmagmatische Tätigkeit des permosilesischen Vulkanismus und verneinen eine Metallzufuhr durch Restlösungen des spätvariszischen subsequenten Vulkanismus. Lineamentgebundene postvulkanische Aktivitäten hätten sicher auch nicht nur die Innenmolassen beeinflußt.

Der überwiegende Teil der modernen Genesemodelle der Kupferschiefer-Vererzung geht von syn- bis diagenetischem Zufluß meteorischer metallreicher Wässer in das Sedimentationsmilieu aus. Nach KUCHA & PAWLIKOWSKI (1986) führt das Vermischen aszendenter kalter Na—Ca—Cl—SO_4-Wässer (pH $>$ 7) mit aufsteigenden heißen, tiefzirkulierenden Mg—K—Cl—SO_4—CO_3-Lösungen (pH $<$ 7), die das Liegende des Kupferschiefers auslaugen, zur Entstehung wirtschaftlicher Buntmetallvorkommen im Schwarzschiefer.

EUGSTER (1985) unterstreicht die Rolle der „red bed"-Formation als Stofflieferant und begründet die Elementanreicherung im Kupferschiefer mit einem intensiven Stoffabsatz aus kalten, evaporitisch beeinflußten Lösungen mit relativ kurzem Transportweg, die aus den Rotliegendtrögen in das Zechsteinmeer einfließen. Eine Bestätigung für den engen Zusammenhang zwischen Kupferschiefergenese und Evaporiten sieht SAWŁOWICZ (1986) in extrem hohen Br-Gehalten des Kerogens der vorsudetischen Monokline (bis 6% Br) und im hohen B-Gehalt der Illit-Fraktion.

Die von den Vff. gewonnenen Untersuchungsergebnisse beweisen einen von der Ingression des Zechsteinmeeres bis zur Spätdiagenese des Kupferschiefers anhaltenden Zufluß metallhaltiger sauerstoffreicher Tiefen- und Grundwässer über die Rote Fäule. (Der oxydierende Charakter der einfließenden Lösungen stellt sich nach den Befunden der C_{org}-Untersuchungen erst im Verlauf der Diagenese ein.) Die aus den Rotliegendsedimenten einfließenden Lösungen stellen salinar beeinflußte meteorische Wässer dar, die aus den Hangendschichten entlang von Bruchzonen bzw. Rändern der intramontanen Molassesenken in das Liegende z. T. bis in das kristalline Fundament abgesunken sind. Im Prozeß des Absinkens sowie beim Wiederaufstieg werden die dabei durchströmten Gesteinskomplexe ausgelaugt.

Bleiisotopengeochemische Untersuchungen an einem Profil der Pb—Zn-Fazies der Sangerhäuser Mulde unterstreichen die Vorstellungen von einer komplex zusammengesetzten Elementquelle und tief (mehrere tausend Meter) zirkulierenden Wässern (HAMMER, HENGST u. a. 1987).

Die von den Vff. festgestellten „anomalen" lateralen Verteilungskurven der Elemente V, Se, Au und U finden in einer erhöhten Löslichkeit dieser Elemente in oxydierenden Wässern eine Begründung. So konnten in sauren, sauerstoffreichen Tiefenwässern bis zu 100 ppm V (MEINECKE 1973), bis zu 0,3 ppm Se (LISICIN 1975) und bis zu 4 ppb Au (WEISBERG, BRAUN & S'JUARD 1982) bestimmt werden. Das entspricht jeweils mehr als dem 10^3fachen der Meerwasserkonzentration der Elemente.

In den Präzipitaten von Thermalfeldern Neuseelands, Nevadas und Chiles konnten erhöhte Konzentrationen von Au (bis 10 ppm), Ag (bis 400 ppm), Hg, Sb, As, Tl, Pb, Zn, Cu, Co, Ni, Mo u. a. Elemente festgestellt werden.

Bei Vorhandensein einer effektiv wirkenden geochemischen Barriere (wie z. B. plötzlicher Wechsel der Redox-Verhältnisse, pH- und Salinitätswerte und das Vorhandensein entsprechender Bindungspartner) sowie unter den Bedingungen ausreichend hoher Durchflußraten und langer Zirkulationszeiten ist ein intensiver Stoffabsatz aus migrierenden Wässern zu erwarten. Die Richtigkeit des vorgestellten Genesemodells wird außerdem durch eine deutliche Beziehung zwischen der Pb—Zn-Spezialisierung der permosilesischen Molassesedimente und der seit langem bekannten Pb—Zn-Vormacht des Kupferschiefers unterstrichen (RENTZSCH & KAMPE 1979).

Jüngere Arbeiten zur paläomagnetischen Datierung von Kupferschieferproben ergaben ein triassisches Alter von Rote-Fäule-Proben (JOWETT, PEARCE & RYDZEWSKI 1986) und bestätigen damit das bis in die Spätdiagenese des Kupferschiefers reichende Einfließen von Wässern über die Rote Fäule.

Das bis in die Spätdiagenese andauernde Einfließen von oxydierenden metallreichen Wässern über die Rote Fäule führte infolge der dabei ablaufenden Schichtoxydationsprozesse zur Bildung bauwürdiger Cu—Ag-Vererzungen am Rand der Roten Fäule.

Vermutlich können triassische intrakontinentale Riftbildungsprozesse als wichtige zusätzliche Energie- und Stoffquelle der Auslaugungs- und Transportvorgänge angesehen werden.

Zusammenfassung

Ausgehend von umfangreichem Material zur stofflichen Zusammensetzung des Kupferschiefers der Sangerhäuser Mulde werden Gesetzmäßigkeiten der lateralen und vertikalen Elementverteilung sowie Aussagen zur Genese dieses buntmetallvererzten Schwarzschiefers abgeleitet.
Auf der Basis von Korrelationsberechnungen erfolgt eine Gruppierung der nachgewiesenen 52 chemischen Elemente in detritisch-tonmineralisch gebundene, biogen bzw. sulfidisch fixierte und karbonatgebundene Komponenten. Die anomale Position der Elemente F, V, Se, Au und U im Korrelationskoeffizienten-Diagramm wird mit Besonderheiten der Stoffherkunft, -zufuhr und -fixierung erklärt.
Ein Vergleich der Co/Ni-Verhältnisse des Kupferschiefers mit Literaturwerten anderer Schwarzschiefer belegt seine selektive Anreicherung an Co.
Isotopengeochemische Untersuchungen der C_{org}- bzw. Karbonatfraktionen sowie Analysen der Element- und Stoffgruppenzusammensetzung der Bitumina des Kupferschiefers geben wichtige Hinweise zur Rekonstruktion der Bildungsbedingungen.

Резюме

На основе обширного фактического материала по вещественному составу медистого сланца Зангерхаузенской мульды выявляются закономерности латерального и вертикального распределения элементов и делаются выводы относительно генезиса обогащенного цветными металлами черного сланца. На основании определения корреляционных коэффициентов возможно обьединение определенных 52 химических элементов в ряд групп, в которых элементы связаны с детритом и глинистыми минералами, связаны биогенным путем, присуствуют в форме сульфидов или связаны с карбонатами. Необычные позиции элементов F, V, Se, Au и U в построенной диаграмме корреляционных коэффициентов объясняются особенностями генезиса, транспортировки и фиксации вещества. Сравнение соотношения Co/Ni в медистом сланце с литературными данными по другим черным сланцам демонстрирует его селективное обогащение кобальтом. Изотопно-геохимические исследования органической и карбонатной фракций, а также анализ элементного и группового состава битумов медистого сланца дают важные сведения для реконструкции условий образования.

Summary

Basing on extensive data about the composition of the copper shale from the basin of Sangerhausen laws of lateral and vertical distribution of the elements and genetic assertions are presented.
According to results of calculation of correlation coefficients of 52 detected elements they are classified into following binding types: detritical/clayey, biogenic respectively sulfidic and carbonates.
The irregular positions of F, V, Se, Au, and U in the correlation diagram suggest to have been particularities in origin, supply and fixation of these elements.
A comparision of the Co/Ni-relation of copper shale with other black-shale data indicates its selective Co-enrichment. Studies of the isotope geochemistry of organic and carbonatic fractions as well as elemental and structural investigations of bitumen extracts from the copper shale permit conclusions for the reconstruction of genetic conditions.

Literatur

BAVINTON, O. A.; TAYLOR, S. R.: Rare earth element geochemistry of Archean metasedimentary rocks from Kambalda, Western Australia. — Geochim. et Cosmochim. Acta, London 44 (1980) S. 639—648

BLJUMAN, B. A.; BOKULEV, A. A.: Geochimija sul'fidov metamorfizovannych uglerodistych porod Sangilena (Ju. V. Tuva). — Geochimija, Moskva (1984) S. 1788—1791

BOWEN, H. J. M.: Trace elements in biochemistry. — London—New York: Acad. Press 1966

BRADINSKAJA, E. M.; RAZVOZŽAEVA, E. A.; VILENKIN, V. A. u. a.: Zolotosoderžaščie uglerodistye veščestva v pervičnych rudach nekotorych mestoroždenij central'nogo Aldana. — Dokl. AN SSSR, Moskva 260 (1981) S. 462—466

EUGSTER, H. P.: Oil shales, evaporites and ore deposits. — Geochim. et cosmochim. Acta, London 49 (1985) S. 619—635

FAN DELIAN: Polyelements in the lower Cambrian black shale series in southern China. — In: The significance of trace elements in solving petrogenetic problems and controversies. Athen: Theophrastus Publications 1983

GOSŁAWSKA, S.; WOJCIECHOWSKI, W.: Distribution of transition elements in the Foresudetic monocline copper ore deposit — Polkowice region. — Arch. Mineral., Warszawa 39 (1984) 2, S. 25—38

HAMMER, J.; HENGST, M.; PILOT, J.; RÖSLER, H.-J.: Pb-Isotopenverhältnisse des Kupferschiefers der Sangerhäuser Mulde: neue Untersuchungsergebnisse. — Chemie Erde, Jena 46 (1987) S. 193—211

HAMMER, J.; RÖSLER, H.-J.; GLEISBERG, B.; NIESE, S.: Untersuchung von Kupferschieferprofilen mittels instrumenteller Neutronenaktivierungsanalyse. — Z. angew. Geol., Berlin 33 (1987) 2, S. 40—45; 3, S. 64—67

HAMMER, J.; RÖSLER, H.-J.; GLEISBERG, B.: Neutronenaktivierungsanalytische, säulenchromatographische und IR-spektroskopische Untersuchungen der Bitumensubstanz des Kupferschiefers der Sangerhäuser Mulde (DDR). — Chemie Erde, Jena 48 (1988) S. 61—78

IVANKIN, O. F.; INIŠIN, P. V.; NAZAROV, N. J.: Osobennosti otloženija zolota v černoslancevych zonach. — Sov. Geol., Moskva (1985) 11, S. 52—60

JOWETT, E. C.; PEARCE, G. W.; RUDZEWSKI, A.: Paleomagnetic dating of the Kupferschiefer mineralization in Poland. — In: EUGSTER, H. P.: Reply to the discussion by Zbigniew Sawłowicz. — Geochim. et cosmochim. Acta, London 50 (1986) S. 1831—1832

JUNG, W.; KNITZSCHKE, G.; GERLACH, R.: Zur geochemischen Stoffbilanz des Kupferschiefers im Südostharzvorland. — Z. angew. Geol., Berlin 20 (1974) S. 248—256

KNITZSCHKE, G.: Zur Erzmineralisation, Petrographie, Hauptmetall- und Spurenelementführung des Kupferschiefers im SE-Harzvorland. — Freiberger Forsch.-H., R. C 207, Leipzig (1966)

KNITZSCHKE, G.; GERLACH, R.: Titanführung des Kupferschiefers im SE-Harzvorland. — Z. angew. Geol., Berlin 28 (1982) 9, S. 444—446

KNUTSON, J.; DONNELY, T. H.: Geochemical constraints on the genesis of copper mineralization in the Mount Gunson area, South Australia. — Econ. Geol., Lancaster 78 (1983) S. 250—274

KÖLBEL, H.: Große Seitenverschiebungen und Horizontalflexuren im deutschen Grundgebirge und ihre lagerstättenkundliche Bedeutung. — Geologie, Berlin 3 (1954) S. 445—450

KOROBEJNIKOV, A. F.: Osobennosti raspredelenija zolota v porodach černoslancevych formacij. — Geochimija, Moskva (1985) S. 1747—1757

KRÜGER, P.: Sedimentärer Fluorit — eine bis jetzt übersehene Gefahrenquelle für die Dolomitindustrie. — Z. angew. Geol., Berlin 8 (1962) S. 400—401

KUCHA, H.: Precious metal alloys and organic matter in the Zechstein copper deposits, Poland. — Tschermaks mineral. u. petr. Mitt., Wien 28 (1981) S. 1—16

— Platinum-group metals in Zechstein copper deposits, Poland. — Econ. Geol., Lancaster 77 (1982) S. 1578—1591

— Precious metal bearing shale from Zechstein copper deposits, Lower Silesia, Poland. — Trans. Inst. Min. & Metallurgy, Sect. B: Appl. earth sci., London 92 (1983) B 72—79

KUCHA, H.; PAWLIKOWSKI, M.: Two brine model of the genesis of strata-bound Zechstein deposits (Kupferschiefer type), Poland. — Miner. Deposita, Berlin (West) 21 (1986) S. 70—80

KULICK, J.; LEIFELD, D.; MEISL, S. u. a.: Petrofazielle und chemische Erkundung des Kupferschiefers der Hessischen Senke und des Harz-Westrandes. — Geol. Jb., R. D, Hannover 68 (1984)

LISICIN, A. K.: Gidrogeochimija rudoobrazovanija. — Moskva: Izdat. Nedra 1975

MEINECKE, G.: Zur Geochemie des Vanadiums. — Clausthaler Hefte zur Lagerstättenkunde und Geochemie, Clausthal (1973)

PAULY, E.: Die Aufgaben der geologischen Landesämter für die heimische Rohstoff-Wirtschaft. — Erzmetall, Stuttgart 38 (1985) S. 30—36

PREIDL, M.; METZLER, M.: The sedimentation of copper-bearing shales (Kupferschiefer) in the Sudetic Foreland. — Miner. Deposita, Berlin (West) 19 (1984) S. 243—248

RADTKE, A. S.; SCHEINER, B. J.: Studies of hydrothermal Gold deposition (I). Carlin Gold deposit, Nevada: The role of carbonaceous materials in Gold deposition. — Econ. Geol., Lancaster 65 (1970) S. 87—102

RENTZSCH, J.: Mineralogical-geochemical prospection methods in the Central-European copper belt. — Erzmetall, Stuttgart 34 (1981) S. 492—495

RENTZSCH, J.; KAMPE, A.: Zur Geochemie der Sedimentite des Permosiles im Südteil der DDR. — In: AHRENS, L. H. (Hrsg.): Origin and distribution of the elements. — Oxford: Pergamon Press 1979

RENTZSCH, J.; SCHIRMER, B.; RÖLLIG, G. u. a.: On the metal source of non ferrous mineralizations in the Zechstein basement (Kupferschiefer type). — In: The current metallogenic problems of Central Europe. — Warszawa 1976

RONOV, A. B.; GIRIN, J. P.; ERMIŠKINA, A. I. u. a.: Geochimija ftora v osadočnom cikle. — Geochimija, Moskva (1974) S. 1587—1612

RUDZEWSKI, A.: Facja utlenonia cechsztynskiego łupku miedzionosnego na obszarze monokliny przedsudeckiej. — Przegląd. Geol., Warszawa 26 (1978) S. 102 bis 108

SALAMON, W.: Metale szlachetne w czarnych łupkach monokliny przedsudeckiej. — Rudy i Metale niezelazne, Katowice 21 (1976) S. 472—477

SAWŁOWICZ, Z.: Comment on "Oil shales, evaporites and ore deposits" by Hans P. Eugster. — Geochim. et cosmochim. Acta, London 50 (1986) S. 1829—1830

SCHMID, H.: Geochemische Prospektion auf seltene Elemente in paläozoischen Schwarzschiefern des Frankenwaldes. — Erzmetall, Stuttgart 33 (1980) S. 540 bis 545

SCHUMACHER, C.; SCHMIDT, F.-P.: Kupferschieferexploration in Osthessen und Nordbayern. — Erzmetall, Stuttgart 38 (1985) S. 428—432

SPECZIK, S.; SKOWRONEK, D.; FRIEDRICH, R. u. a.: The environment of generation of some base metal Zechstein occurrences in Central Europe. — Acta geol. pol., Warszawa 36 (1986) S. 1—35

UNRUG, R.: Platinum-group metals in the Zechstein copper deposits, Poland — a discussion. — Econ. Geol., Lancaster 80 (1985) S. 518—519

UZUMASA, Y.: Chemical investigations of hot springs in Japan. — Tokyo: Tsukiji Shokan Co., Ltd. 1965

VINE, J. D.; TOURTELOT, E. B.: Geochemistry of black shale deposits — a summary report. — Econ. Geol., Lancaster 65 (1970) S. 253—272

VOLKOVA, T. V.; MITROPOL'SKIJ, A. J.: Geochimičeskaja charakteristika autigennych sul'fidov železa Černogo i Kaspijskogo morej. — Geol. Ž., Kiev 45 (1985) 5, S. 116—124

WEDEPOHL, K. H.: Untersuchungen am Kupferschiefer in Nordwestdeutschland: ein Beitrag zur Deutung der Genese bituminöser Sedimente. — Geochim. et cosmochim. Acta, London 28 (1964) S. 305—364

WEISBERG, B. G.; BRAUN, P. R. L.; S'JUARD, T. M.: Rudnye ėlementy v aktivnych geotermal'nych sistemach. — In: Geochimija gidrotermal'nych rudnych mestoroždenij. — Moskva: Izdat. Mir 1982

Zum Kohlenschädel der Freiberger Sammlungen – Ergebnisse bisheriger und neuer Untersuchungen

GERHARD ROSELT, Ilmenau

Einleitung

Unter den Objekten der brennstoffgeologischen Sammlungen der Sektion Geowissenschaften der Bergakademie Freiberg erregt das Unikum eines Kohlenschädels besonderes Interesse. Schon beim ersten Anblick dieses dunklen Kohlenkopfes drängten sich Vf. von dessen Form und Substanz her biologische und petrographische Fragen auf. Wegen vorrangiger anderer Arbeiten blieb aber jahrelang keine und später nur sporadisch die Möglichkeit, diese Frage zu klären. Sie erhielt bei der Neuordnung der Sammlungen des Institutes für Brennstoffgeologie[1]) (ROSELT 1966) anläßlich der 200-Jahr-Feier der Bergakademie Freiberg neuen Anstoß. Vf. beschloß daher, dem Ursprung und der Echtheit des Freiberger Kohlenschädels nachzugehen. Leider konnten die Untersuchungen nur nebenher erfolgen und mußten mehrfach für Jahre unterbrochen werden. Dem Drängen und zunehmend großen Interesse ausländischer Wissenschaftler an Funden alter Menschenschadel ist es mit zu verdanken, daß anläßlich der Neugestaltung der Kohlengeologischen Schausammlung der Sektion Geowissenschaften über Ergebnisse der Untersuchungen des Freiberger Kohlenschädels berichtet werden kann.

Aus dem Nachlaß des Werner-Schülers, nachfolgenden Bergmeisters des Grafen Thun in Böhmen und späteren Besitzers der Elefanten-Apotheke in Freiberg, Löscher[2]), stammt ein dunkler Kohlenkopf, der später als Menschenschädel aus Kohle und zuletzt als Freiberger Kohlenschädel bezeichnet wurde. Seit der ersten Veröffentlichung über diesen Kohlenschädel sind 145 Jahre vergangen, ohne daß seine wahre Natur bisher zweifelsfrei aufgeklärt wurde. Auf der Suche nach Vorfahren des Homo sapiens erregen mögliche Ur- und Vormenschenschädel großes Interesse bei Anthropologen und Biologen. Erstmals werden mit der vorgelegten Arbeit durch kohlenpetrographische Untersuchungen Herkunft und Ursprung des Freiberger Kohlenschädels geklärt. Der Schädel ist eine Nachbildung, deren Hauptbestandteile aus tertiärer Hartbraunkohle (mit hohem Duxitgehalt) Nordböhmens (ČSSR) stammen.

Bisherige Veröffentlichungen und Erwähnung in der Literatur

Im Jahre 1842 erschien im Archiv für Mineralogie, Geognosie, Bergbau und Hüttenkunde eine Veröffentlichung von C. KERSTEN „*Über einen in Brauneisen und Bitumen umgewandelten Menschenschädel*". Wie aus dieser Arbeit hervorgeht, zeigte der Markscheider Leschner bei einer Zusammenkunft des Bergmännischen Vereins in Freiberg diesen Schädel vor, „*welcher von ihm in dem Nachlasse des hier verstorbenen Apothekers Löscher ohne irgend eine Nachricht über seinen Fundort aufgefunden worden ist*" (KERSTEN 1842, S. 372). KERSTENs Untersuchung zur chemischen Zusammensetzung des Schädels und deren Veröffentlichung wurde also über den Freiberger Bergmännischen Verein veranlaßt. Im „*Catalog über die Versteinerungssammlung der königlichen Bergakademie zu Freiberg*"[3]) aus dem Jahre 1859 ist unser Kohlenschädel unter „I Fossile Thierreste" mit der Slg. Nr. 331/1 unter der Bezeichnung „*Innere Ausfüllung eines Menschenschädels durch Kohlenmasse*" als laufende Nummer 1 aufgeführt. In Klammern wurde hinzugefügt: „*wahrscheinlich aus Böhmen*". Erst über 50 Jahre später erscheint der Kohlenschädel im 2. Teil von STUTZERs Werk: *Die wichtigsten Lagerstätten der „Nichterze"* *Kohle* (1. Aufl. 1914, 2. Aufl. 1923) in einer Anmerkung (STUTZER 1923, S. 274, Anm. 3) wie folgt: „*In der Kohlensammlung der Bergakademie Freiberg befindet sich auch ein rätselhafter, aus Braunkohle sowie mangan- und phosphorhaltigem Brauneisenstein bestehender Menschenschädel, dessen Fundort leider unbekannt ist*". Später hat sich STUTZER (1927) nochmals kurz zu dem „*rätselhaften Stück*" in der Zeitschrift Braunkohle wie folgt geäußert: „*Der Kopf hat die Form eines menschlichen Schädels. Er besteht aus Braunkohlenmasse, Brauneisenstein und Magneteisenstein.*
Die vor über 80 Jahren veröffentlichte Beschreibung[4]) *nahm an, der Schädel sei irgendwie in ein Moor geraten, in dem sich seine Hohlräume mit Torf füllten. Gleichzeitig wurde die Knochensubstanz durch phosphorsäurehaltigen Raseneisenstein ersetzt. Die organische Einbettungsmasse soll Braunkohle und kein rezenter Torf sein, wie die damals durchgeführte Analyse schließen ließ*". Eine von STUTZER angeregte Untersuchung auf Echtheit und Alter des Schädels an der ethnographischen Abteilung des Zwingermuseums in Dresden ergab, daß er „*eine Fälschung, d. h. ein aus Braunkohle modellierter Schädel sei, dem Raseneisenstein und Manganeisenstein beigegeben ist*". In der englischen Übersetzung von STUTZERs Allgemeiner Kohlengeologie (General Coal Geology, Chicago: Univ. Press 1940) ist auf S. 271 auch die Anmerkung STUTZERs über den Kohlenschädel angegeben.

Das Auffinden anthropoider Knochen in jüngeren Schichten des Tertiars in Südafrika sowie besonders in Nord-Tansania hat die Aktivitäten der Anthropologen und Biologen auf der Suche nach Vor- oder Urmenschenknochen sehr gefördert (SCHULZ 1973). So beweisen die zahlreichen diesbezüglichen schriftlichen Anfragen ausländischer anthropologisch interessierter Biologen seit 1967 das steigende Interesse an dem Freiberger Kohlenschädel. Prof. Dr. Wayne Frair aus New York reiste sogar mit einer Doktorandin 1979 nach Freiberg, um den Kohlenschädel selbst sehen und in den Händen halten zu können. FRAIR (1969, 1980) hat mit seinen Veröffentlichungen „*Über den Menschenschädel aus Kohle*" (The human Skull ...) auf den Freiberger Kohlenschädel erneut aufmerksam gemacht. Die Veröffentlichung unserer Untersuchungsergebnisse wird daher mit Interesse erwartet.

Neue Untersuchungen der Substanz und Aussagen zur Entstehung des Kohlenschädels

Makroskopische Untersuchung und Probenahme

Ebenso wie alle geologischen Objekte wurde unser Kohlenschädel vor der mikroskopischen einer eingehenden makroskopischen Untersuchung unterzogen. Es fallen Gewicht, Form, Farbe und äußerer Zustand des Kohlenschädels auf. So ist das Gewicht des Schädels im Verhältnis zu seiner Größe relativ hoch. Die beiden Augenhöhlen und die schwachen Augenbrauenwülste sowie die nur mäßig fliehende Stirn des Schädels erinnern — zusammen mit seiner gesamten Form — eher an einen rezenten als an einen fossilen Schädel (Taf. I/1 u. 2). Seine dunkle Farbe und rissige Struktur lassen auf keinerlei Knochensubstanz schließen. Lediglich da, wo der Schädel beschädigt ist und wahrscheinlich von KERSTEN für seine chemische Untersuchung bereits Schädelsubstanz entnommen wurde, besonders auf der linken Seite (Taf. I/2), sieht es so aus, als ob sich die Masse scheinbar in der Dicke des Schädelknochens gelöst hätte. Obgleich äußerlich Risse in der Schädelmasse zu bemerken sind, hält diese gut zu-

Eingang des Manuskripts in der Redaktion: 4. 11. 1987

[1]) Das 1927 gegründete Institut für Brennstoffgeologie an der Bergakademie Freiberg — international das erste seiner Art — wurde nach der 3. Hochschulreform der DDR mit den anderen geowissenschaftlichen Instituten der Bergakademie Freiberg in der Sektion Geowissenschaften vereinigt.

[2]) In der Arbeit von KERSTEN steht fälschlich Lescher.

[3]) Nach frdl. Mitt. von Herrn KÜNZEL, Bereich Sammlungen der Sektion Geowissenschaften, Bergakademie Freiberg, wurde der Katalog in kalligraphischer Schrift von E. WEISS angefertigt.

[4]) Gemeint ist die Arbeit von KERSTEN (1842).

sammen und bröckelt beim Betasten nicht ab. Für petrographische und chemische Untersuchungen wurde vom Vf. in der Mitte der Schädelunterseite ein Loch zur Entnahme der erforderlichen Probenmenge präpariert. Zur Prüfung evtl. vorhandener Knochenstruktur wurde an der linken Seite am Rand des dort bereits teilweise entblößten Schädels etwas Substanz entnommen. Bereits auf der Bruchfläche eines kleinen Schädelstückes ist zu sehen, daß der Schädel nicht aus einheitlicher Masse besteht (Taf. I/3 u. 4). Genauere Aussagen erlauben aber erst Vergrößerungen durch die Lupe und das Mikroskop.

Mikropetrographische Untersuchungen, Vergleich und Folgerungen

Schon bei Verwendung der Lupe fallen kleinere und größere dunkel glänzende Partikel auf den Bruchflächen der dunkelbraunen Schädelmasse auf (Taf. I/4). Außer diesen Partikeln waren besonders unter dem Stereomikroskop verschiedentlich goldgelbe Körnchen sowie Halmreste und auch ein Same zu erkennen (Taf. II/2).

Aus noch zu erörternden Gründen lag es nahe anzunehmen, daß der Schädel ein Kunstprodukt ist und bei seiner Herstellung sowohl fossiles Harz aus der Braunkohle Nordböhmens als auch Harze und harzähnliche rezente Stoffe zur Verbindung der kohligen Masse verwendet wurden[5]). Von Stücken und Schliffen war Vf. das makroskopische und mikroskopische Bild (DOELTER 1874) von Duxit (Taf. I/5 u. 6, Taf. II/10) bekannt. Der mikroskopische Vergleich der häufigen kleinen und auch größeren pechglänzenden Partikel in der Schädelmasse mit reinem und unreinem Duxit beweist die Identität und den hohen Gehalt an Duxit im Kohlenschädel. Der „*außerordentlich spröde, mit flachmuscheligem Bruch in scharfkantige Splitter zerspringende*" Duxit (JURASKY 1940, S. 55), der sich durch Pechglanz auszeichnet (Taf. I/5), ist schon bei schwacher Vergrößerung auf den Bruchflächen der Schädelmasse nachweisbar (Taf. I/4). Unter Druck zerspringt der Duxit in zahlreiche, unterschiedlich große kantige Splitter (Taf. I/6). Kleine und auch ein großer Duxitsplitter sind im Dünnschliffbild von Schädelbröckchen durch Form und gelb- bis rotbraune Farbe nachweisbar (Taf. I/7). Ganz offenbar stammen die Partikel des Duxits im Kohlenschädel überwiegend von unreinem Duxit, wie er auch von JURASKY (1940) beschrieben wurde. Die Bilder von Ausschnitten der Dünnschnitte von Schädelmasse zeigen eine heterogene und farblich unterschiedliche Zusammensetzung (Taf. II/3 bis 5).

Auch Reste von Zellgewebe sind in Duxitkörnchen der Schädelmasse nachzuweisen (Taf. II/5 bis 7 und 8 bis 9). Die Zellen sind entweder polygonal bis rechteckig und lassen z. T. Versteifungen in den Kanten erkennen (Taf. II/6) oder sind prosenchymatisch (Taf. II/5, 7 u. 8). Reste tracheidalen Gewebes mit Gerbstoffkörpern sind sowohl in Dünnschliffausschnitten von Kohlenschädelstücken (Taf. II/9) als auch aus solchen unreinen Duxits (Taf. II/11 bis 14) nachzuweisen. Interessant ist, daß Chitin- und Sporenreste von Pilzen (Taf. II/13 u. 14) im unreinen Duxit ebenso wie Gerbstoffkörper (Phlobaphenit) als Reste zersetzten Gewebes (Taf. II/ 13 u. 14) oder als Einlagerung in Resten tracheidaler Gewebe vorhanden sind.

Wie bereits erwähnt, konnten aus Splittern und Körnchen von Duxit verschiedentlich auch goldgelbe Körnchen sowie Halmreste und ein Same in der Schädelmasse erkannt und isoliert werden (Taf. II/2). Beim Vergleich dieser goldgelben Körnchen mit Harzen und harzähnlichen Stoffen, wie sie bis in unsere Zeit in Apotheken verwendet werden, stimmt Copalharz (Taf. II/1) am besten damit überein. Auch ist bemerkenswert, daß Copalharz je nach Art und Herkunft besonders hohe und variable Werte des Schmelzpunktes (110 bis 360 °C) aufweist. Alle anderen Harze erweichen bei geringeren Temperaturen und sind deshalb nach Erhitzung als Einzelkörnchen in der Schädelmasse petrographisch nicht nachweisbar, auch wenn sie bei der Anfertigung des Schädels mit verwendet worden sind. Auffallend ist zweifellos die gute Erhaltung der Duxitsplitter und -körnchen in der Schädelmasse. Die Ursachen dieser guten Erhaltung liegen sicher in dem hohen Schmelzpunkt des Duxits, der nach JURASKY (1940, S. 55) weit über 246 °C und damit höher als die Schmelzpunkte der in unseren Apotheken verwendeten und zum Vergleich herangezogenen Harze wie Copal u. a. liegen.

Unter Berücksichtigung der hier mitgeteilten Ergebnisse sei das schalenartige dicke Bruchstück (Taf. II/8 u. 9) erörtert, das der linken Schädelseite (Taf. I/2) entnommen wurde. Auffallend ist, daß im Gegensatz zu den Querbrüchen von Schädelstücken (Taf. I/3 u. 4) die Innenseite (Taf. I/8) sowie die Außenseite (Taf. I/9) dieses Bruchstückes Glättung der unebenen Oberfläche aufweist. Da im Querbruch (Taf. I/4) neben kleineren auch größere Duxitsplitter und -körnchen häufig nachweisbar sind, ist anzunehmen, daß Harze mit niedrigerem Schmelzpunkt als Duxit bei Erhitzung der Schädelmasse geschmolzen sind und Zusammenhalt sowie die äußere Glättung der duxitreichen Schädelmasse bewirkten.

Schlußfolgerung

Nach den dargelegten petrographischen Untersuchungen des Freiberger Kohlenschädels ist dieser kein natürliches, sondern ein künstliches Produkt. Da über den Schädel erst 1842, d. h. lange nach dem Ableben (1813) des damaligen Besitzers der Elefanten-Apotheke in Freiberg ohne hinterlassene Angaben veröffentlicht wurde, ist weder erwiesen noch anzunehmen, daß der Kohlenschädel eine Fälschung ist. Erwiesen ist allerdings, daß der Kohlenschädel seine Existenz nicht natürlicher Entstehung verdankt, sondern ein Kunstprodukt darstellt. Auf detaillierte Ausführungen über chemische Untersuchungen soll hier verzichtet werden. Die Ergebnisse einer notgedrungen summarischen Elementaranalyse sagt ohnehin wenig über die Zusammensetzung des Schädels im einzelnen aus. Ein Vergleich der Ergebnisse chemischer Untersuchungen der petrographischen Einzelkomponenten des Schädels mit den entsprechenden rezenten und fossilen Vergleichsstoffen ist aber zu aufwendig und nach den vorliegenden petrographischen Untersuchungsergebnissen nicht erforderlich. Über den Freiberger Kohlenschädel aus anthropologischer Sicht werden H. BACH und G. ROSELT an anderer Stelle berichten[6]).

Dank

Es ist mir Bedürfnis, allen denen zu danken, die mich mit Tat und Rat bei der Durchführung der erforderlichen Arbeiten unterstützten. Gedankt sei daher besonders den Kolleginnen der Schleiferei der Sektion Geowissenschaften sowie den Kolleginnen und Kollegen der Hochschulbildstelle der Bergakademie Freiberg. Fener gilt mein Dank Herrn Dr. Rentrop von der Sektion Chemie für freundliche Hilfe und ebenso Herrn Dr. med. Dietrich vom Städtischen Krankenhaus sowie Herrn Dr. Doiwa von der Agricola-Apotheke in Freiberg. Dank sagen möchte ich auch deutschen und ausländischen Anthropologen und Biologen für ihr Interesse an den Untersuchungen, besonders Herrn Prof. Dr. Wayne Frair vom King's College New York für drängende Ermunterung zur Veröffentlichung der erzielten Untersuchungsergebnisse zum Freiberger Kohlenschädel. Für viele freundliche Hinweise danke ich ganz herzlich unserem lieben Bibliotheksdirektor a. D., Herrn Schellhas.

[5]) Herrn Dr. Doiwa, dem früheren Leiter der Agricola-Apotheke in Freiberg, sei für freundliche Abgabe von sogenannten Apothekerharzen zu Vergleichzwecken und für Mitteilungen über deren Schmelzpunkte besonders gedankt.

[6]) In: Arbeits- und Forschungsberichte der sächsischen Bodendenkmalpflege. VEB Deutscher Verlag der Wissenschaften Berlin

Literatur

DOELTER, C.: Harz aus der Braunkohle von Dux. – Verh. k. k. geol. Reichsanst., Wien (1874) S. 145
FRAIR, W.: The human skull composed of coal. – Creation Res. Soc. Quart., New York 5 (1969) March, S. 133–135
– Human skull. – Bible-Sci. Newsletter, New York 18 (1980) 8
JURASKY, K.: Der Veredlungszustand der sudetenländischen Braunkohlen als Folge vulkanischer Durchwärmung (Diathermische Metamorphose der Kohlen). – Mitt. Reichsst. Bodenforsch., Freiberg (1940) 20
KERSTEN, C.: Über einen in Brauneisenstein und Bitumen umgewandelten Menschenschädel. – Arch. Min., Geogn. u. Hüttenkde., Berlin 16 (1842) S. 372–375
ROSELT, G.: Die Sammlungen des Instituts für Brennstoffgeologie der Bergakademie Freiberg. – Ber. dt. Gesellsch. geol. Wiss. A, Berlin 11 (1966)
SCHULZ, E.: Wie alt ist der älteste Mensch? – Neues Deutschl., Berlin 28 (1973) vom 12. 3., S. 12
STUTZER, O.: Die wichtigsten Lagerstätten der „Nichterze" 2. Teil Kohle (Allgemeine Kohlengeologie) 1. Aufl. Berlin 1914, 2. Aufl. Berlin 1923
– Der „Braunkohlenschädel" in der geologischen Sammlung der Bergakademie Freiberg (Sa.). – Braunkohle, Halle 26 (1927) 15, S. 311
– General Coal Geology (Übersetzung der Allgemeinen Kohlengeologie von A. C. NOÉ & H. CADY). – Chicago: Univ. Press 1940
WEISS, E.: Catalog über die Versteinerungssammlung der königlichen Bergakademie zu Freiberg (handschriftlich, Name und Jahreszahl von B. v. Cotta). – Freiberg 1859

Tafel I

Fig. 1. Kohlenschädel von vorn

Fig. 2. Kohlenschädel von links; Maßstab Fig. 1 u. 2: etwa 1:2

Fig. 3. Zwei Querbruchstücke von der äußeren linken Schädelseite; Maßstab 4,5:1

Fig. 4. Vergrößerter Ausschnitt von Fig. 3 zeigt deutlich die inhomogene Zusammensetzung der Schädelmasse und läßt deutlich kleine und größere dunkle und glänzende Partikel erkennen, die ± gleichmäßig verteilt sind; Maßstab 9:1

Fig. 5. Duxitstücke; in den glatten, kantig begrenzten Bruchflächen des Duxits spiegelt das auffallende Licht; Maßstab: 1,8:1

Fig. 6. Splitter von zerdrücktem Duxit in Glyzeringelatine (Präparat mit Deckglas); Maßstab: 3,6:1

Fig. 7. Dünnschliff eines Stückes von der Schädelwange. Außer zahlreichen kleinen Splittern oder Körnchen ist an der linken Seite (Pfeile) ein größeres Korn angeschliffen; Maßstab 5:1

Fig. 8 u. 9. Oberflächen eines äußeren schalenartigen dicken Bruchstückes von der linken Schädelseite (Wange)

Fig. 8 zeigt die Innenseite und Fig. 9 die Außenseite dieses Bruchstückes; Maßstab 9:1

Tafel II

Fig. 1. Ausschnitt aus einer Reihe von Harzen und harzähnlichen Stoffen, die in Apotheken verwendet wurden; in der Mitte Copalharz; Maßstab: 1,8:1

Fig. 2. Aus der Probe der Schädelmasse herauspräparierte, auffällige Reste mit Stengeln oder Halmen (rechts unten) und von Copalharz (Pfeil); Maßstab: 5:1

Fig. 3. bis 7. Ausschnitte von Dünnschnitten der Schädelmasse im Durchlicht. Fig. 3 repräsentiert die heterogene und farblich unterschiedliche Zusammensetzung. In Fig. 4 fallen runde Hohlräume auf, die z. T. von kleineren umgeben sind (Stengelquerschnitte?).

Fig. 5 zeigt in der diagonal verlaufenden hellen Partie Gewebe langgestreckter spitz auslaufender Zellen Prosenchym. Fig. 3 bis 5 Maßstab: 80:1

Fig. 6. Zellgewebe, polygonal und rechteckig, z. T. Versteifung in den Kanten erkennbar; Maßstab 320:1

Fig. 7. Ausschnitt aus einem Gewebekomplex mit langgestreckten (prosenchymatischen) Zellen; Maßstab 500:1

Fig. 8 u. 9. Bildausschnitte von Dünnschnitten der Schädelmasse

Fig. 8. zeigt prosenchymatisches Gewebe, Zellwände gelbrot, Ausfüllung der Zellen rot; Schliff 8/31; Maßstab 145:1

Fig. 9. Ausschnitt mit schlecht erhaltenen tracheidalem Gewebe; Schliff 8/32; Maßstab 450:1

Fig. 10 bis 15. Dünnschliffbilder von Duxit

Fig. 10. reiner Duxit (rotbraun), ohne Zellstruktur; Maßstab 4,5:1

Fig. 11 bis 15. Ausschnittbilder von Dünnschnitten „unreinen" Duxits (aus dem alten Herkulesschacht im früheren Maltheuern/ Nordböhmen, ČSSR)

Fig. 11. Tracheidengewebe in radialem Schnitt mit dunklen Gerbstoffkörpern (Phlobaphenit)

Fig. 12. Tracheidengewebe im Längsschnitt mit dunklen Gerbstoffkörpern (Phlobaphenit)

Fig. 13 bis 15. „unreiner" Duxit mit hellen (hell rotbraunen) und dunklen (humosen) Partien

Fig. 13 zeigt außer gleichmäßig dunklen humosen Partien kleinere rundlich ovale Gerbstoffträger (Phlobaphenit) und größere dunkle Pilzsporen

Fig. 14 zeigt in der Mitte eine dunkle Pilzzellreihe (Chitin). Außer gleichmäßig dunklen Humuszellen sind zahlreiche figurierte kleine Gerbstoffkörper sowie eine größere Pilzspore (unten links) im hellrotbraunen Duxit eingestreut

Fig. 11 bis 14 Maßstab: 145:1

Fig. 15. Duxit mit ± gleichmäßig dunklen Humussubstanzen. In der Mitte eine Reihe gut erhaltener dunkler Gerbstoffkörper (Phlobaphenit); Maßstab 290:1

Tagungsberichte

Zechstein 87

Internationales Symposium, Abstracts

KLARE, B.; SCHRÖDER, B. (Hrsg.)

Bochum: Subk. Perm/Trias Strat. Komm. DUGW/IUGS 1987. 152 S., 16 Abb.

Exkursionsführer

KULICK, J.; PAUL, J.

Wiesbaden: Subk. Perm/Trias Strat. Komm. DUGW/IUGS 1987.

Bd. I, 173 S., 77 Abb., 10 Tab., 340 Lit.
Bd. II, 310 S., 170 Abb., 6 Tab.

In dem Band mit den Kurzfassungen der Vortrags- und Posterbeiträge werden 77 der vorgestellten Arbeiten zusammengefaßt. Die Schwerpunkte des Symposiums waren Probleme der Kupferschiefervererzung, die Karbonatgesteinsfolgen und die Perm-Trias-Grenze. Danach folgten Arbeiten über Salzgesteine, Sulfatgesteine und paläontologische Fragen. Randlich wurden Probleme der Kohlenwasserstoffe, der Salzseen und der Endlagerung radioaktiver Abfälle behandelt. Einigkeit besteht darüber, daß der Zechstein nur eine kurze Episode der Erdgeschichte darstellt (RICHTER-BERNBURG). Hinsichtlich der Kupferschiefervererzung setzt sich mehr und mehr ein polystadiales Genesemodell durch. Die Arbeiten über die Perm-Trias-Grenze konnten noch keine endgültige Klärung bringen. Im Nordseebereich wurde über der Ohre- und Friesland-Serie die Mölln-Serie (Z 7) nachgewiesen. Beeindruckend sind die Fortschritte der lithologischen Bearbeitung der Karbonat- und Sulfatgesteinsfolgen.
Die beiden Exkursionsführer enthalten das Material von elf Exkursionsrouten bzw. -themen. Exkursionsgebiete waren die Randfazies des Zechsteins (übertage anstehender Zechstein in Hessen; Randfazies des Zechsteins in der Korbacher Bucht, im Frankenberger Raum und am N-Rand der Spessartschwelle; Zechstein am Harzrand), die Kali- und Steinsalzlagerstätten des Werra-Fulda-Beckens (Grube Hattorf, Grube Neuhof-Ellers, Bohrkerne aus dem Werra-Fulda- und dem Solling-Becken) und Kali- und Steinsalzlagerstätten im Hauptbecken, Gebiete der Kohlenwasserstoff-Suche und Fragen der Tieflagerung radioaktiver Abfälle (Grube Niedersachsen-Riedel, Zechstein der Asse und geowissenschaftliche Versuche zur Endlagerung hochradioaktiver Abfälle, Bohrkerne aus dem Z 1 und Z 2 im Raum S-Oldenburg, Bohrkerne aus dem Z 2 und Z 4 des Salzstockes Gorleben).
Die Exkursionsführer bieten umfangreiches Material über die neuesten Bearbeitungen der klassischen Aufschlüsse und Dokumentationen neuer Bohrungen und Untersuchungen. Sie liefern einen ausgezeichneten Überblick über den Stand der Zechsteinforschung in der BRD und die wesentlichen zur Verfügung stehenden Aufschlüsse.

J. RENTZSCH

TAFEL I

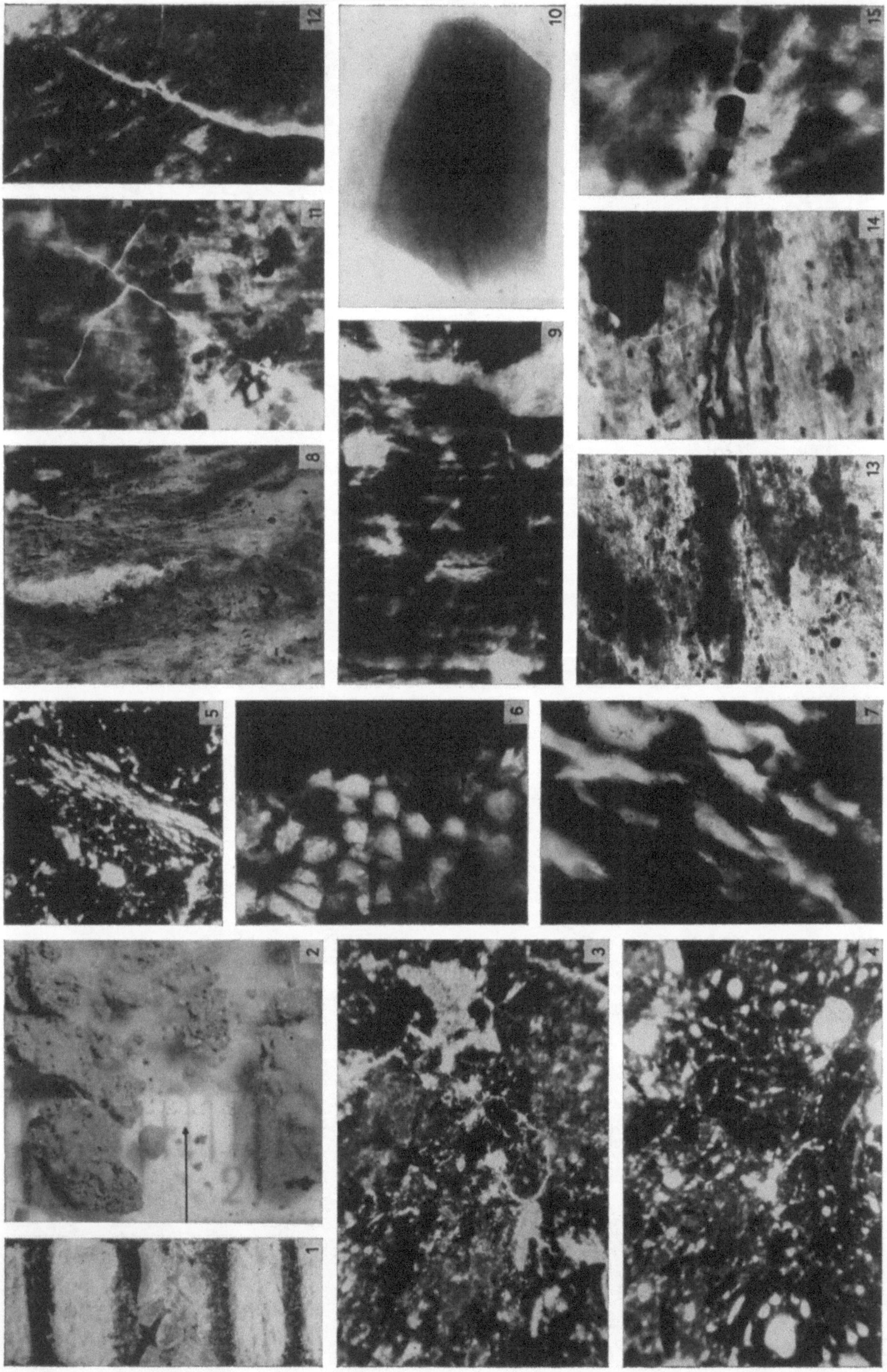

TAFEL II

GALSON, D. A.; MUELLER, ST. (Hrsg.)

Proceedings of the Second Workshop in the European Geotraverse (EGT) Project — The Southern Segment (Venice, 7—9 February 1985)

Strasbourg: European Science Foundation Publication July 1985. 285 S., zahlr. Abb., Lit.

Gegenstand der 42 Beiträge aus 11 Ländern ist der südliche Teil eines etwa 4000 km langen Krustenprofiles von N-Skandinavien bis N-Afrika. Das Geotraversenprojekt (EGT) quert tektonische Provinzen vom ältesten Präkambrium des Baltischen Schildes bis zu den rezent aktiven Gebieten des westlichen Mittelmeeres. Ziel der Arbeiten ist ein vertiefter dreidimensionaler Einblick in die Struktur und Zusammensetzung der kontinentalen Lithosphäre als Grundlage für ein besseres Verständnis von deren Evolution und Dynamik. Die Feldarbeiten (Tiefenseismik) erfolgen dazu seit 1983, und erste Ergebnisse konnten vorgestellt werden. Von besonderem Interesse dürften die Ergebnisse einer kombinierten Land-See-Tiefenseismik durch das Mittelmeer sein, die ein erstes detailliertes Bild der Zusammenhänge Europa—Nordafrika liefern wird. Auf der Tagung wurden die geologisch-tektonischen Probleme dieser Region allseitig erörtert und Ergebnisse komplexer geophysikalischer Untersuchungen vorgestellt. Ein Beitrag informiert über den Zentralteil der EGT, das 1300 km lange Profil Kiel—Genf, das 1986 mit 11 Schußpunkten bearbeitet wurde. Dieses Profil soll zugleich eine Anzahl interessanter regionaler-lokaler Probleme lösen helfen (Anomalien magnetotellurischer Untersuchungen, Struktur des variszischen Orogens, Gesteinskörper erhöhter seismischer Geschwindigkeit usw.).
Das Tagungsmaterial ist Ausdruck einer intensiven Wissenschaftskooperation der Geowissenschaftler aus den beteiligten Ländern, die das Gesamtprogramm mit ihren spezifischen nationalen Erfahrungen bereichern.
Für Spezialisten der Tiefenerkundung.

P. KÜHN

...

Development of Projects for the Production of Uranium Concentrates

Proceedings of a Technical Comitee Meeting, Vienna, 25—28 Nov. 1985

Wien: International Atomic Energy Agency 1987. 244 S., zahlr. Abb., Tab., Lit., ÖS 520.—

Die Internationale Atomenergie-Behörde behandelte auf dieser Tagung ihres Technischen Komitees erstmalig Fragen der Entwicklung kompletter Projekte von der Erkundung bis zur Urankonzentratproduktion. Im Mittelpunkt standen dabei Planung, Geräteausstattung, Prozeßoptimierung und Kosten der Bergbau- und Aufbereitungsprozesse. Neben internationalen Übersichten wurden Sachstandsberichte einzelner IAEA-Mitgliedstaaten vorgelegt, so von Jugoslawien, Kanada, Kolumbien, Mexiko und den USA.
Aus der Fülle der detaillierten und mit vielen Tabellen und Schemata versehenen Beiträge sind von besonderem Interesse:

- die Darstellung der einmaligen Uranmineralisation des Athabasca-Beckens in Kanada und die Bewältigung der Abbau-, Aufbereitungs- und Umweltschutzprobleme;
- die bakteriell (durch Thiobacillus ferrooxidans) unterstützte Untertagelaugung und die Verwendung uranhaltiger Grubenwässer als Aufbereitungs-Prozeßwasser in Kanada;
- die effektive Verarbeitung von uranhaltigem Haldenmaterial in der Republik Südafrika;
- die Umstellung älterer Uranerzaufbereitungsanlagen auf neue Technologien in Frankreich und Gabun;
- die Entwicklung eines Verfahrens (PNC-Prozeß) zur Herstellung von Uranhexafluorid in Japan;
- die Anwendung von Computerprogrammen bei der Optimierung der Uranextraktion in Namibia.

Obwohl stets die Komplexität eines Projekts betont wird, das eine Zeitspanne von 5 bis 15 Jahren von der Erkundung bis zur Produktionsaufnahme und Mittel bis zu einigen hundert Mill. US-Dollar erfordert, wird den einzelnen Phasen der Projektentwicklung und ihrer ökonomischen Bewertung große Aufmerksamkeit geschenkt.
Auch wenn sich unter den gegenwärtigen Marktbedingungen im nichtsozialistischen Wirtschaftsgebiet ein gravierender Rückgang der Uran-Prospektion und -Produktion und eine abnehmende Bereitschaft zur Investition und Projektentwicklung bemerkbar machten, — so der Bericht — wird künftig wieder ein höherer Uranbedarf seitens der Kernenergie-Industrie erwartet.
Bergbauseitig werden dabei, abgesehen von einer Zunahme der Laugung, keine tiefgreifenden Veränderungen der Technologie gesehen, wohl aber verarbeitungsseitig, wo viele technologische Entwicklungen erprobt werden.

F. DECKER

KUMAR, M.; MAUL, G. A. (Hrsg.)

Proceedings International Symposium on Marine Positioning

Dordrecht—Boston—Lancaster—Tokyo: D. Reidel Publ. Comp. 1987. 474 S., zahlr. Abb., Lit., Dfl. 210.— (£ 74.—, $ 99.—)

Der überwiegende Teil der publizierten Vorträge des vom 14. bis 17. 10. 1986 in Reston, USA, durchgeführten Symposiums über marine Vermessung befaßt sich mit ersten Ergebnissen und Erfahrungen beim Einsatz des satellitengestützten globalen Vermessungssystems (GPS). Die Bestimmung der absoluten Schiffsposition erfolgt mit dem GPS weltweit mit Fehlerkreisradien unter 100 m; bei speziellen Anwendungen (Militär, Bohrschiffe) im 10-m-Bereich.
Neben der Kenntnis der absoluten Schiffsposition ist als Ergänzung zum GPS die dynamische Messung der Bewegung des Schiffes relativ zum Meeresboden mit höchster Genauigkeit von Interesse. Für gravimetrische Messungen vom Schiff aus ist z. B. die Bestimmung der Ost/West-Geschwindigkeit des Gravimeters mit einer Genauigkeit von 10^{-3} m/s erforderlich, um Meßgenauigkeiten in der Größenordnung der an Land üblichen zu erreichen.
Meeresbodenorientierte akustische Vermessungssysteme (Transponder) erreichen zur Positionierung geschleppter Geräte Genauigkeiten im m- und dm-Bereich.
Auf der Tagesordnung steht bereits die Vermessung der Plattendeformation und der Bewegung zwischen den Platten in den aktiven Spreading-Zentren der mittelozeanischen Rücken mit cm-Genauigkeit.
Die Kartierung der Rift-Zonen wird dreidimensional auf der Basis rechnergestützter Multibeam-Echolote realisiert.
Die gegenwärtig und künftig zu lösenden Vermessungsaufgaben im marinen Bereich werden in insgesamt 44 Vorträgen und 5 Rundtischgesprächen umfassend diskutiert. Mit den Proceedings wird dem in der Meeresforschung tätigen Spezialisten ein äußerst wertvolles aktuelles Material vorgelegt.

G. EHRKE

MAGNAN, J. P. (Hrsg.)

La réglementation française et étrangère en géotechnique

Paris: Presses de l'école nationale des ponts et chaussées 1987. 141 S., FF 120.—

Es werden die Beiträge einer Tagung der Hochschule für Brücken und Straßen vom 16./17. Dezember 1986 veröffentlicht. Teilnehmer waren Vertreter aus einigen bedeutenden Industrieländern der Erde, die über in der Geotechnik gültige Standards und Empfehlungen berichteten und diskutierten.
Die ersten Beiträge waren den französischen Grundsätzen und Auffassungen zur Standardisierung sowie der Vorstellung von Normen, Richtlinien und ähnlichen Dokumenten in Frankreich gewidmet.
Anschließend wurden die Teilnehmer mit den wichtigsten die Geotechnik betreffenden Normen und Empfehlungen Großbritanniens, der BRD, Griechenlands, in einer zusammenfassenden Übersicht mit den in Belgien, Dänemark, Spanien, Italien, Irland, den Niederlanden und Portugal gültigen Grundsätzen sowie in weiteren Einzelvorträgen über solche in den USA und Kanada, der Sowjetunion und Mexiko bekannt gemacht.
Interessant sind die Darlegungen zum sogenannten Europacode Nr. 7 über Gründungen und die Ergebnisse eines Rundtischgespräches, aus denen die Notwendigkeit der Standardisierung und der Vereinheitlichung der Reglementierungen in der Geotechnik hervorgehen.
Die Broschüre gibt einen guten Überblick über Grundsätze der Standardisierung, den Stand der Erarbeitung von Vorschriften in wichtigen Industrieländern, über Entwicklungstendenzen in der Standardisierung, und man erhält auch Hinweise über konkrete Standards und ähnliche Dokumente aus einigen Ländern.

F. REUTER

...

Interactions Sols-Structures Soil Structure Interactions

Paris: Presses de l'école nationale des ponts et chaussées 1987. 928 S., 612 Abb., 75 Tab., 803 Lit., FF 560.—

Vom 5. bis 7. Mai 1987 fand in Paris ein von der Hochschule für Brücken und Straßen organisiertes Kolloquium unter der globalen Themenstellung „Wechselwirkungen zwischen Boden und Bauwerk" statt.

In vier verschiedenen Tagungsgruppen widmete man sich folgenden Themen:

1. Dämme und Flachgründungen
2. Tiefgründungen
3. Unterirdische Bauwerke (Rohrleitungen, Entwässerungsstollen, Tunnel)
4. Baugruben und Stauanlagen.

Die Tagungsunterlagen wurden in zwei Bänden, in französischer und in englischer Sprache, veröffentlicht. In einem Band finden sich sowohl allgemeine Berichte zu den einzelnen Themenkomplexen, in denen kurz theoretische Grundlagen besprochen sowie neueste Veröffentlichungen und die Diskussionsbeiträge des Kolloquiums vorgestellt werden, als auch spezielle Vorträge. Im zweiten Band sind alle Diskussionsbeiträge der Veranstaltung zusammengefaßt worden. Zum größten Teil werden hier geotechnische Probleme bei konkreten Bauvorhaben erläutert sowie theoretische und experimentelle Lösungen und Untersuchungsmethoden vorgestellt.
Entsprechend dem Motto des Kolloquiums beziehen sich die Beiträge auf verschiedene Arten der Wechselwirkung Boden—Bauwerk, z. B.:

- Wechselwirkungen zwischen mehreren Bauwerken über das Medium Boden
- Deformationen, die durch Baumaßnahmen verursacht werden
- Bauwerkskonstruktionen, die den Bodendeformationen gerecht werden
- Auswirkungen der Bodenbewegung auf Bauwerke

Die Beiträge sind übersichtlich, sehr komplex abgehandelt und enthalten viele Meßergebnisse, Diagramme und Skizzen.
Die Tagungsunterlagen werden das Interesse von Geotechnikern und Bauingenieuren finden, die auf dem Gebiet des Bauwesens, des Dammbaues und des Tunnelbaues tätig sind.
Hervorzuheben sind folgende Problemkreise:

- Gründungen von Brückenpfeilern, Kernkraftwerksanlagen und anderen Bauwerken
- Setzungsminderung durch Bewehrung und Gesichtspunkte „bewehrter Erde"
- verschiedenste Erddruckprobleme
- Dimensionierung von Tunnelbauwerken und Tunnelbau in Stadträumen
- Finite-Element-Methode beim Tunnel- und Dammbau
- Stabilisierung von Baugrubenwänden

Die Beiträge enthalten umfangreiche Literaturangaben.

S. Köhler

Buchbesprechungen

Frazier, W. J.; Schwimmer, D. R.

Regional stratigraphy of North America

New York and London: Plenum Press 1987. 719 S., 407 Abb., 20 Tab., 1434 Lit., $ 110.—

Die regionale Stratigraphie Nordamerikas ist nicht nur für die Geowissenschaftler von Interesse, die sich mit der geologischen Entwicklung dieses Gebietes beschäftigen, sondern regt durch ihren Reichtum an zusammenfassenden Informationen zu Vergleichen, speziell mit Europa an, bildeten doch über lange Zeiten der Erdgeschichte Nordamerika und Europa als Laurasia eine Festlandseinheit. Hervorzuheben ist die Einbeziehung plattentektonischer Konzeptionen in die Ausführungen, wobei die beiden Autoren aus dem Columbus College in Georgia/USA unterschiedliche Ansichten gleichberechtigt nebeneinander stellen. Dies trifft besonders für die nach einer kurzen Einleitung (Kap. 1) behandelten Geschehnisse im Archaikum (Kap. 2) und Proterozoikum (Kap. 3) zu. In diesem Zeitraum vollzog sich die Bildung des zentralen Kratons Nordamerikas. Seine epirogenetischen Heraushebungen, die mit regional weitreichenden Diskordanzen verbunden waren, bilden das Gliederungsprinzip für die in den folgenden Kapiteln behandelten stratigraphischen Einheiten des Phanerozoikums. Beschrieben werden in Kap. 4 die Sauk-Folge: Ediacarian — Unter-Ordovizium, im Kap. 5 die Tippecanoe-Folge: Mittel-Ordovizium — Unter-Devon, im Kap. 6 die Kaskaskia-Folge: Mittel-Devon — Ober-Mississippian, im Kap. 7 die Absaroka-Folge: Unter-Pennsylvanian — Unter-Jura, im Kap. 8 die Zuni-Folge: Mittel-Jura — Ober-Kreide und im Kap. 9 die Tejas-Folge: Tertiär — rezent. Die in der Einführung gegebene Parallelisierung der in Nordamerika gebräuchlichen Bezeichnungen für Abteilungen und Stufen in die internationale stratigraphische Zeitskala (Tab. 1) erleichtert das Verständnis.
Jedes Kapitel beginnt mit einer kurzen globalen Übersicht, wobei für das Paläozoikum die paläogeographischen Rekonstruktionen von Scotese u. a. (1979) verwendet werden. Für jede Zeiteinheit erfahren die einzelnen Bereiche Nordamerikas, einschließlich Grönlands, vom Kraton ausgehend und zu dessen Randgebieten und Tektogenräumen fortschreitend, eine gut gegliederte Beschreibung. Ein zusammenfassender Überblick der Fauna und Flora steht jeweils am Ende jedes Kapitels. Die paläontologischen Angaben finden im Anhang des großformatigen Buches eine Ergänzung durch eine Tabelle zur synoptischen Taxonomie der Hauptfossilgruppen und ihrer stratigraphischen Reichweite. Das umfangreiche Literaturverzeichnis (30 S.) enthält vorzugsweise regionale Arbeiten aus den letzten beiden Jahrzehnten bis Anfang der achtziger Jahre. Verzeichnisse der stratigraphischen Einheiten und der Fossilnamen sowie ein geologisches Sachwortverzeichnis, in das geographische Ortsangaben integriert sind, unterstützen den Wert des Buches als eine empfehlenswerte Informationsquelle.

G. Möbus

Frol', V. V.

Geomorfologija riftovoj zony Sredinno-Atlantičeskogo chrebta (Geomorphologie der Riftzone des Mittelatlantischen Rückens)

Moskva: Izdat. Nauka 1987. 95 S., 25 Abb., 4 Tab., Rbl. 1.40

In der von der Akademie der Wissenschaften der UdSSR herausgegebenen Reihe „Forschungsergebnisse internationaler Projekte" legt der Autor eine Komplexanalyse geomorphologischer und geologisch-geophysikalischer Daten vor, die im Rahmen der Projekte „Oberer Mantel" und „Lithosphäre" erarbeitet worden sind.
Als eine Einführung in die Problematik des Buches werden die wichtigsten Baumerkmale der Mittelmeer-Mjösen-Zone, des Kalifornischen und des Ostafrikanischen Grabensystems referierend dargestellt. Von größerem, weil methodischem Interesse sind die Kapitel über die mathematisch-statistische Behandlung des aus 88 Echolotprofilen gewonnenen Datenmaterials. Das Bodenrelief wurde als zufälliges, lokal-homogenes und isotropes Feld der Höhen und Tiefen angesehen. Die rechnerische Behandlung der Primärdaten erfolgt auf dem Gerät BESM-6. Die auf dieser Grundlage durchgeführte geologisch-geophysikalische Interpretation ist i. w. auf eine Typisierung des Formeninventars und dessen genetische Zuordnung ausgerichtet.
In der Gesamtrayonierung werden die Aufdomungen von Island, der Azoren, von St. Helena und Gough ausgeschieden und geomorphologisch definiert. Sie sind jeweils von Zonen mit Merkmalen intensiver Blocktektonik getrennt. Als übergeordnetes Charakteristikum des Mittelozeanischen Rückens insgesamt und der eigentlichen Riftzone zeichnet sich eine topographische Asymmetrie ab, die sowohl mit der strukturellen als auch tiefentektonischen Asymmetrie in Einklang steht. Im geophysikalischen Bild ist die E-Flanke durch höhere Wellengeschwindigkeit sowie durch eine höhere Krustenmächtigkeit ausgezeichnet.
Eine zusammenfassende Bewertung der Veröffentlichung hat den methodischen und beschreibenden Teil der geomorphologischen Analyse als positiv hervorzuheben. Weniger überzeugend erscheinen dagegen die auf übergeordnete Fragen der globalen Riftgenese gerichteten Ausführungen. Sie sind aber auch nicht das eigentliche Anliegen des Buches.

H.-J. Teschke

...

Tektonika i voprosy metallogenii rannego dokembrija (Tektonik und Fragen der Metallogenie des frühen Präkambriums)

Moskva: Izdat. Nauka 1986. 264 S., Abb., Tab., Rbl. 3.10

In der Erforschung der Frühstadien der Erdentwicklung sind noch viele Fragen offen. Mit vorliegendem Buch wird der Versuch unternommen, Antworten zu geben. Ausgehend von der Diskussion einiger grundlegender Probleme der Geologie des frühen Präkambriums (Kosygin, Bogatikov u. a., Mitrofanov u. a.) werden Stratigraphie und Strukturbau der archaischen Anteile des Ukrainischen Schildes (Ščerbak & Kaljaev), des Aldan-Schildes (Duk & Kicul), der Kola-Halbinsel (Gorjainov & Fedorov) sowie der verdeckten Teile der Russischen und Sibirischen Tafel (Aksamentova u. a.) beschrieben. Über den territorialen Rahmen der UdSSR hinaus geben Štrejs & Novikova einen Überblick über die Tektonik der archaischen Kratone Südafrikas und Westaustraliens, Bozko & Chain über die nachfolgende frühproterozoische Krustenentwicklung der alten Kerne Europas, Asiens, Amerikas, Afrikas, des Indischen Subkontinentes und Australiens. Diesen regional angelegten Arbeiten stehen mehr stoff-bezogene Artikel gegenüber, so über die Genese von Graugneiskomplexen (Markov u. a.), über die Merkmale archaischer Tonalit-Trondhjemit-Serien (Lobač-Zučenko) oder über basische und ultrabasische Gesteinseinheiten des Präkambriums (Dobrecov). Den Abschluß bilden Arbeiten mit verallgemeinernden Aussagen über

Magmatismus und Metamorphose zu präkambrischer Zeit (MARAKUŠEV), über die Besonderheiten der strukturellen Formung im Archaikum (MILLER) sowie über die geodynamische Entwicklung während des frühen Präkambriums (BORUKAEV).

D. FRANKE

ODIN, G. S.

Echelle numerique du Phanerozoique/Calibration of the Phanerozoic Time Scale

Bull. Liais. Inf. IGCP Proj. 196 Paris (1987) 6, 74 S.

G. S. ODIN (Départment de Géologie dinamique, Université P. & M. Curie, Paris) hat vorliegendes IGCP-Projekt 196 weitgehend mit initiiert und die ersten vier Jahre auch geleitet. Auf der 4. Jahressitzung des Projektes (Juli 1986) in Cambridge (Großbritannien) wurde A. J. HURFORD (Laboratory of Isotope Geology, University of Berne) zum zweiten Leiter des Projektes berufen.
Die Planung sah für Projekt 196 eine Laufzeit von fünf Jahren vor. Im 1. und 2. Jahr sollte mit Schwerpunkt Paläozoikum (speziell Silur), im 3. Jahr mit Schwerpunkt Paläozoikum bis Jura gearbeitet werden, während für das 4. Jahr die Datierung von jurassischen bis paläogenen Proben vorgesehen war. Das 5. Jahr der Laufzeit von IGCP 196 sollte speziellen Problemen neuer Techniken, der Schaffung von Referenz-Proben und dem Austausch der Daten verschiedener Labors dienen.
Bulletin N⁰ 6 läßt klar erkennen, daß dieses Ziel weitgehend erreicht werden konnte. Man erhält einen ausgezeichneten Überblick über die bisher im Rahmen von Projekt 196 durchgeführten Aktivitäten (Jahrestagungen, Exkursionen, Vorträge, Publikationen, Arbeitshinweise — alles überwiegend in Englisch). Bisher fanden 4 Jahrestagungen statt.
Die 5. Jahrestagung ist für April 1987 in Strasbourg geplant. Die stetig steigenden Zahlen von Teilnehmern und beteiligten Ländern belegen das allgemein wachsende internationale Interesse.
Die in Bulletin N⁰ 6 enthaltene Teilnehmerliste der 4. Jahrestagung 1986 in Cambridge z. B. zeigt jedoch auch deutlich eine Unterrepräsentanz der sozialistischen Länder — von 66 Teilnehmern nur ein Teilnehmer aus der UdSSR und zwei aus der VR China!
Der größte Teil von Bulletin N⁰ 6, Proj. 196 (S. 7—S. 69) enthält wissenschaftliche Informationen sowie einige längere Originalbeiträge zu stratigraphisch, regional und laborativ weit gefächerten Themen, auf deren Einzelheiten hier nicht eingegangen werden kann.
Rezensent möchte jedoch Arbeiten von ODIN: *The Palaeogene time scale-geochronological discussion of an interpolated version* (S. 11—26), von NAGYMAROSY, TAKIGAMI & BALOGH: *Stratigraphic position and the radiometric age of the Kiscellian stratotype, Hungary* (S. 29 bis 32) sowie Arbeiten eines größeren Bearbeiterkollektivs (S. 37 bis 64) mit interessanten biostratigraphischen, paläomagnetischen, radiometrischen und isotopen-geologischen Beiträgen zur Eozän-Oligozän-Grenze bei Massignano, Italien, herausheben. Hinweise auf Publikationen im Rahmen von Project 196, erschienen im Zeitraum Ende 1985 — Redaktionsschluß 11/86 von Bulletin N⁰ 6 (55 Titel), bilden eine gute Ergänzung zum Inhalt und runden gleichzeitig das als jährlichen Tätigkeitsbericht von IGCP-Projekt 196 konzipierte Heft ab. Für alle an physikalischen Altersbestimmungen interessierten Fachkollegen erweist sich Bull. N⁰ 6 IGCP-Project 196 als wertvolle Informationsquelle.

H. AHRENS

RUNDKVIST, D. V. (Hrsg.)

Kriterii prognoznoj ocenki territorij na tverdye poleznye iskopaemye (Kriterien der prognostischen Bewertung von Territorien auf feste mineralische Bodenschätze)

Leningrad: Izdat. Nedra 1986. 2. überarb. u. ergänzte Aufl., 751 S., 82 Abb., 87 Tab., Rbl. 3.70

Unter der Regie des VSEGEI Leningrad, der führenden wissenschaftlichen Institution in der UdSSR auf dem Gebiet der Metallogenie, wurde von einem Kollektiv sowjetischer Spezialisten ein fundamentales Werk zur speziellen (rohstoffbezogenen) Metallogenie und Prognose geschaffen.
Im allgemeinen Teil werden Ziele, Aufgaben und Methodik in der speziellen Metallogenie im Unterschied zur regionalen (komplexen) Metallogenie und Prognose erläutert.
Grundlage der metallogenetisch-prognostischen Arbeit ist und bleibt die Formationsanalyse, so daß die Definition der Formationsbegriffe erneut ausführlich diskutiert wird.
Ein besonderes Kapitel ist den Faktoren gewidmet, die auf die prinzipielle Größenordnung der Rohstoffkonzentrationen in den geologischen Formationen Einfluß nehmen, wie geotektonische Position, Lineamente, Tiefenbau.
Der spezielle Teil umfaßt folgende Rohstoffarten: Schwarzmetalle, Buntmetalle, Seltene und Edelmetalle, Industrieminerale, Chemierohstoffe, Kohle und Ölschiefer.
Für alle diese Rohstoffe werden die Formationstypen und z. T. Lagerstättentypen charakterisiert. Es ist verständlich, daß dies in erster Linie anhand des großen Arsenals von Lagerstätten der UdSSR erfolgt. Darauf aufbauend werden Verteilungsgesetzmäßigkeiten und Prognosekriterien (erzkontrollierende Faktoren) abgeleitet.
Zum Abschluß wird ein Ausblick auf die weitere Vervollkommnung der metallogenetisch-formationellen Analyse gegeben.
Das Buch beschränkt sich auf den inhaltlich-metallogenetischen Teil der qualitativen Prognose. Methodische Fragen der Prognosedurchführung und der quantitativen Prognose sind ausgeklammert bzw. nur angerissen. Jedoch sind dazu wie zu jedem Kapitel Literaturhinweise vorhanden.
Hervorzuheben ist die Anschaulichkeit und Übersichtlichkeit des Inhaltes dank zahlreicher Schemata und Tabellen.
Das Buch sollte zum Rüstzeug jedes metallogenetisch arbeitenden Geologen gehören.

B. KRUSE

...

Magmatičeskie gornye porody (Magmatische Gesteine)

Kislye i srednie porody (Saure und intermediäre Gesteine)

Moskva: Izdat. Nauka 1987. 374 S., 100 Abb., 90 Tab., 305 Lit., Rbl. 5.70

Die von einem Autorenkollektiv sowjetischer Petrologen erarbeitete Monographie ist der vierte Teil der Reihe „Magmatičeskie gornye porody", in der ein zusammenfassender Überblick zur Petrologie intermediärer und saurer Magmatite der Hauptstrukturtypen der Erdkruste gegeben wird. Das Buch ist in vier Teile gegliedert. Im ersten Teil werden die sauren und intermediären Gesteinsassoziationen der ozeanischen Kruste (Mittelozeanische Rücken, ozeanische Platten) behandelt. Der zweite Teil ist den sauren und intermediären Magmatiten im Bereich des Überganges Ozean—Kontinent und den Kollisionszonen von Kontinentalplatten (Inselbögen, aktive Kontinentalränder, kontinentale Kollisionszonen) gewidmet. Die Erörterung der entsprechenden Gesteine der kontinentalen Platten (Intrakontinentale Rifte, Gebiete mit Magmatismus des Typs „hot spot", kontinentale Faltengürtel, Magmatismus der tektonomagmatischen Aktivierung) sowie der archaisch-frühproterozoischen Strukturen der Erdkruste erfolgt im dritten Teil.
Die jeweilige Gesteinsassoziation wird anhand ihrer strukturellen Stellung und des geologischen Baues, der Gesteinsgefüge, der Haupt- und Spurenelementzusammensetzung der Gesteine (einschließlich SEE), der Daten zur chemischen Zusammensetzung der gesteinsbildenden Minerale sowie der Isotopendaten beschrieben. Dazu werden zahlreiche Beispiele aus der sowjetischen und internationalen Literatur herangezogen.
Der vierte Teil der Monographie ist der stofflichen Entwicklung des sauren und intermediären Magmatismus in der Erdgeschichte, dessen räumlich-zeitlichem Auftreten in den Strukturtypen der Kruste sowie der Rekonstruktion des geodynamischen Regimes während ihrer Bildung gewidmet. Dazu kommt ein Kapitel zur Metallogenie dieser Magmatite, und in einem Kapitel werden die physiko-chemischen Bedingungen der Generierung und Differentiation saurer und intermediärer Magmen kurz erläutert. Ergänzend werden die granitoiden Gesteine des Mondes in o. g. Weise charakterisiert.
Das Buch gibt insgesamt eine übersichtliche Darstellung eines umfassenden Problemkreises der Petrologie und wird daher allen petrologisch interessierten Geowissenschaftlern empfohlen.

K. WÜNSCH

WIMMENAUER, W.

Petrographie der magmatischen und metamorphen Gesteine

Stuttgart: Verlag Ferdinand Enke 1985. X + 382 S., 297 Abb., 106 Tab., DM 78.—

Durch die vorrangige Behandlung petrologischer Aspekte in der modernen geowissenschaftlichen Literatur ist der rein beschreibenden Darstellung der Gesteine in neuerer Zeit relativ wenig Beachtung gewidmet worden. Jedoch vermögen ältere Werke den gegenwärtigen Inhalten und insbesondere der Erweiterung des Begriffsumfanges der Petrographie kaum noch Rechnung zu tragen. Diese seit längerer Zeit vorhandene Lücke bemüht sich der Autor durch sein Buch zu schließen. Allerdings bezieht er sich dabei, wie auch der Titel besagt, nur auf den kristallinen Teil der Erdkruste. Obwohl das Buch in dem gegebenen Rahmen modernen wissenschaftlichen Ansprüchen voll gerecht wird, hat sich der Autor dennoch um eine nach Möglichkeit leicht verständliche Darstellung bemüht, wobei betont wird, daß sich das Buch in erster Linie an Studierende wendet, um ihnen den Einstieg in die Petrologie zu erleichtern. Im ersten Abschnitt (34 S.) werden die wichtigsten Grundlagen der Feld- und Laborarbeit, die Grundbegriffe der Petrographie, Klassifikationsschemata, Diagrammdarstellungen, Berechnungsprinzipien usw. erörtert. Den Hauptteil des Buches nimmt der 2. Abschnitt „Magmatische Gesteine" (198 S.) ein. Nach einführenden Bemerkungen über Vorkommen, Formen und Strukturen, Fragen der Nomenklatur und allgemeinen petrographischen und chemischen Kennzeichnungen werden zahlreiche Beispiele der Beschreibung magmatischer Gesteine gegeben, wobei sich der Autor auf die Darstellungen jeweiliger spezieller Bearbeiter stützt (z. B.: „Die Granitmassive von Cauterets und Panticosa (nach DEBON 1975)" usw.). Reiches tabellarisches Material über mineralische (Vol.-%) und chemische (Gew.-%) Zusammensetzungen ergänzt die Darstellung. Im 3. Abschnitt „Metamorphe Gesteine" (88 S.) werden in ähnlicher Weise solche in Verbindung mit den Begriffen Kontakt- und Regionalmetamorphose behandelt, wozu auch die Stoßwellenmetamorphose Erörterung findet. Getrennt von diesen metamorphen Gesteinen kommen in einem 4. Abschnitt „Migmatite" (9 S.) und in einem 5. Abschnitt „Metasomatische Gesteine" (28 S.) zur Darstellung. Ein 6. Abschnitt (8 S.) ist schließlich Gesteinen des oberen Erdmantels gewidmet. Hinweise auf petrographische und petrologische Literatur (375 Zitate) erscheinen in zweierlei Form, z. T. als „weiterführende Literatur" am Ende der einzelnen Abschnitte, sowie als „Quellenverzeichnis der Einzelbeschreibungen und Abbildungen" am Ende des Buches. Insgesamt kann das Buch als eine verdienstvolle Darstellung einer modernen Petrographie kristalliner Gesteine eingeschätzt werden.

H. RAST

ATKINSON, B. K. (Hrsg.)

Fracture mechanics of Rock

London etc.: Academic Press 1987. 534 S., £ 60.—, $ 95.—

Der Sammelband behandelt die Bruchmechanik im Fels in Beziehung zu geophysikalischen Bruchproblemen und ersetzt fast ein Lehrbuch für diese Problematik. Bruchmechanik beschreibt den Bruch in Begriffen der Gesetze der angewandten Mechanik und der makroskopischen Materialeigenschaften; sie verbindet die Bruchfestigkeit mit der Auflast und der strukturellen Geometrie der Körper. Die Kapitel gliedern sich in: 1. Einführung — ATKINSON, 2. Klüfte und Scherbrüche — ENGELDER; 3. Theorie der Rißentstehung und -ausbreitung im Fels — INGRAFFEA; 4. Theorie des subkrustischen Rißwachstums — ATKINSON & MEREDITH; 5. Zeitabhängige Deformation und Bruch — COSTIN; 6. Bruchmechanisches Herangehen an hydraulische Bruchspannungsmessungen — RUMMEL; 7. Bruchmechanik, angewendet auf hot dry rock- und geothermische Energie — TAKAHASHI & ABÉ; 8. Theoretische Verschiebungen und Spannungen in der Umgebung von Brüchen — POLLARD & SEGALL; 9. Mechanik des Scherbruches, angewendet auf Erdbebenzonen — LI; 10. Dynamische Gesteinszerteilung — GRADY & KIPP; 11. Daten der experimentellen Bruchmechanik — ATKINSON & MEREDITH.
Der Herausgeber vertritt wie viele andere Autoren den Standpunkt, daß bisher die Labormodellierung von Brüchen meistens noch nicht Natur-relevant ist. ENGELDER betont, daß alle Rupturen von Mikrorissen ausgehen und stellt eine Hierarchie reaktivierter Brüche auf. INGRAFFEA beschränkt sich in seinem originellen Beitrag auf die Finite-Elemente-Methode. COSTIN weist darauf hin, daß die vereinfachende Annahme, von Einzelrissen auszugehen, den realen Bedingungen nicht entspricht, da sich in der Natur Rupturen oft zonenförmig konzentrieren.
TAKANASHI & ABÉ demonstrieren ein HDR-Modell für granitisches Material. Kap. 8 enthält Anwendungsbeispiele der elastischen Rißtheorie, vor allem auf die Bildung von magmatischen Gängen. Die tabellarische Dokumentation im Kap. 11 ist begrüßenswert.
Das Buch hat kompetente Verfasser, deren physikalische Grundhaltung etwas das Ziel verdeckt, das Verhalten von Gesteinskörpern zu bewerten. Dennoch, eine sehr anregende Mischung von Originalbeiträgen und Übersichten.

P. BANKWITZ

WHITTAKER, A. (Hrsg.)

Mud Logging — Principles and Interpretations

Dordrecht—Boston—Lancaster: D. Reidel Publishing Company 1985. 92 S., 51 Abb., Dfl. 90.—

Die Überwachung der Spülung beim Abteufen von Tiefbohrungen, insbesondere die Beobachtung und Analyse des Auftretens von Kohlenwasserstoff-Anzeichen in der Bohrspülung, ist auch heute noch eine Grundlage für havariefreies Arbeiten einerseits bzw. Quelle wichtiger Informationen für Geologen und Bohr- und Förderfeldingenieure andererseits. Das in der Reihe „EXLOG Series of Petroleum Geology and Engineering Handbooks" erschienene Büchlein „Mud Logging" ist seinem Charakter nach ein typisches Nachschlagewerk, das Grundlagen und Anwendungsbeispiele der Spülungsüberwachung in übersichtlicher und einprägsamer Form vermittelt. Es ist daher für den Praktiker — Bohrtechniker, Geologen oder Förderingenieur — gleichermaßen zu empfehlen wie für den Auszubildenden, der erstmals mit diesem Fachgebiet konfrontiert wird. Dem kommt die übersichtliche Gliederung sehr entgegen. Nachdem in der Einleitung allgemeine Grundlagen dargestellt werden, dienen die Kap. 2 und 3 der Beschreibung des Mechanismus des Gaszutrittes in die Spülung und der diesen Vorgang beeinflussenden Faktoren; Kap. 4 enthält gleiches für den Ölzutritt. Im abschließenden Kap. 5 werden an zehn instruktiven praktischen Meßbeispielen die Methodik der Interpretation und die dabei zu gewinnenden Aussagen erläutert.

D. STEINBRECHER

JOHNS, R. B.

Biological Markers in the Sedimentary Record

Amsterdam—Oxford—New York—Tokyo: Elsevier Science Publ. B. V. 1986. 364 S., 82 Abb., 28 Tab., Dfl. 280.—; $ 124.—

(*Methods in Geochemistry and Geophysics, 24*)

Die Monographie zum Thema „Biologische Markierungen in der sedimentären Abfolge" behandelt in zehn Kapiteln Ergebnisse der Grundlagenforschung zur Kennzeichnung, Identifizierung und Anwendung organischer Komponenten (Markierungen) und diskutiert Beispiele praxisorientierter Einsatzmöglichkeiten.
Die Kapitel sind übersichtlich gegliedert, zahlreiche Abbildungen und sehr ausführliche Literaturverzeichnisse ergänzen den Text.
Die Kap. 1, 2, 3, 4 und 6 enthalten Grundlagenuntersuchungen an bestimmten organischen Komponenten, die als biologische Markierer besonders beeignet sind (nichtzyklische Isoprenoide, zyklische Terpenoide, Steroide, Porphyrine und organische Komponenten mit höherem Molekulargewicht) und zeigen Anwendungsbereiche auf (Geochemie fossiler Brennstoffe und Kohlenwasserstoffe, Biochemie, Hydrochemie, Umweltchemie, Molekularstratigraphie usw.). Kap. 8 informiert über den Stand der Forschung zur Isolierung und Charakterisierung von Pigmenten und Fettsäuren und die sich daraus ableitenden Möglichkeiten zur Bestimmung der bakteriellen Biomasse im Sediment.
Zur Meßtechnik werden im Kap. 5 die Vorteile der Kopplung der Computer-Gaschromatographie mit der Massenspektrometrie diskutiert, wobei dieses Verfahren zur Kennzeichnung und Identifizierung kleinster Mengen organischer Materie empfohlen wird.
Die Bedeutung biologischer Markierungen für die Bewertung der Erdölbildung und -migration und des Inkohlungsgrades wird in den Kap. 7 und 9 behandelt. Im Mittelpunkt des letzten Kapitels stehen Untersuchungen zur Biochemie der Kohlenstoff-Isotopenfraktionierung und der Isotopenzusammensetzung sedimentärer Kohlenstoffe.
Mit dieser Monographie wird ein umfassender Überblick über den gegenwärtigen Stand der Erfassung, Identifizierung und Anwendung biologischer Markierungen in sedimentären Abfolgen geboten, und sie kann Geowissenschaftlern, die sich mit diesem Problem beschäftigen, eine wertvolle Hilfe sein.

D. HEUNER

Hinweise für unsere Autoren – Gestaltung von Abbildungsvorlagen

Für die folgenden vier Beispiele — Umsetzung von Abbildungsvorlagen zum Druck — wurde ein Verkleinerungsfaktor von 1:1,5 (auf 2/3) gewählt. Strichzeichnungen sollten in etwa für diese Verkleinerung geeignet eingereicht werden. Eine Vorlage in Größe der Druckwiedergabe ist aus qualitativen Gründen nicht wünschenswert.
Bereits beim Entwurf der Abbildungen ist auf eine platzsparende Anordnung der Bildteile (Legende u. a.) Wert zu legen.
Nach der Umsetzung zum Druck, also entsprechender Verkleinerung, dürfen folgende Maße der Bildelemente nicht unterchritten werden: Strickstärke: minimal 0,1 mm; Linienabstand mindestens 0,2 mm; Schrift nicht unter 1 mm (Großbuchstaen); Signaturen minimal 1 mm. Gesteinssignaturen sind nach den geltenden Standards auszuführen. Die Darstellung von größeren schwarzen Flächen (für Braunkohle u. ä.) ist möglichst zu vermeiden.
Alle Abbildungen — auch Photos — sind unaufgeklebt einzureichen. Photos möglichst 2fach. Erforderliche Einzeichnungen in Photos (Maßstäbe) sind auf einen Decker aus Transparentpapier anzugeben. Die Reinzeichnung bzw. das Einkopieren veranlaßt die Redaktion.
Für weitere Auskünfte ist unsere Redaktion jederzeit bereit.

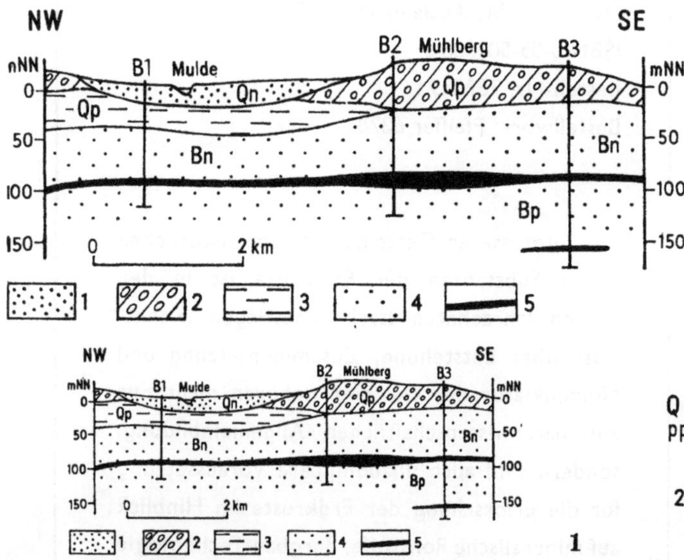

1

Beispiele:

1. Profil: Legende numeriert, Erläuterungen in der Abbildungsunterschrift
2. Karte: Flächen durch Schraffuren o. a. Signaturen darstellen, kein Raster verwenden, da sonst Verkleinerung nicht möglich, keine Schummerungen mit Bleistift o. ä., da in Strichätzungen nicht umsetzbar
3. Diagramm: Legende platzsparend anordnen und in der Abbildungsunterschrift erläutern
4. Schriftmuster: Zeile 1: nur für besonders wichtige Bezeichnungen, sparsam anwenden; Zeile 2: für alle hervorzuhebenden Bezeichnungen; Zeile 3: etwa Normalschriftgröße in der Zeichnung; Zeile 4: für alle untergeordneten Bezeichnungen

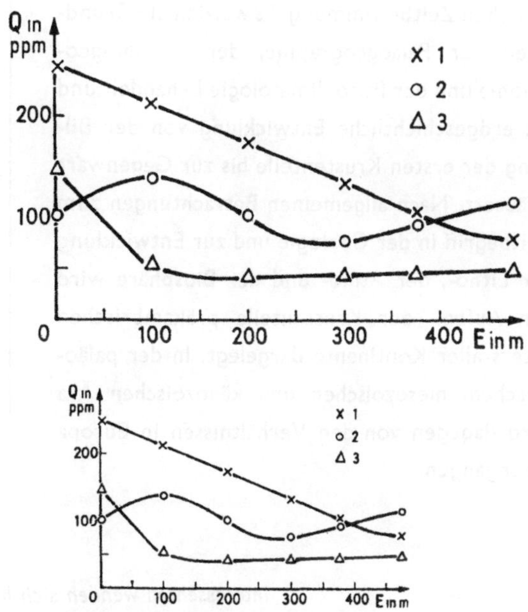

3

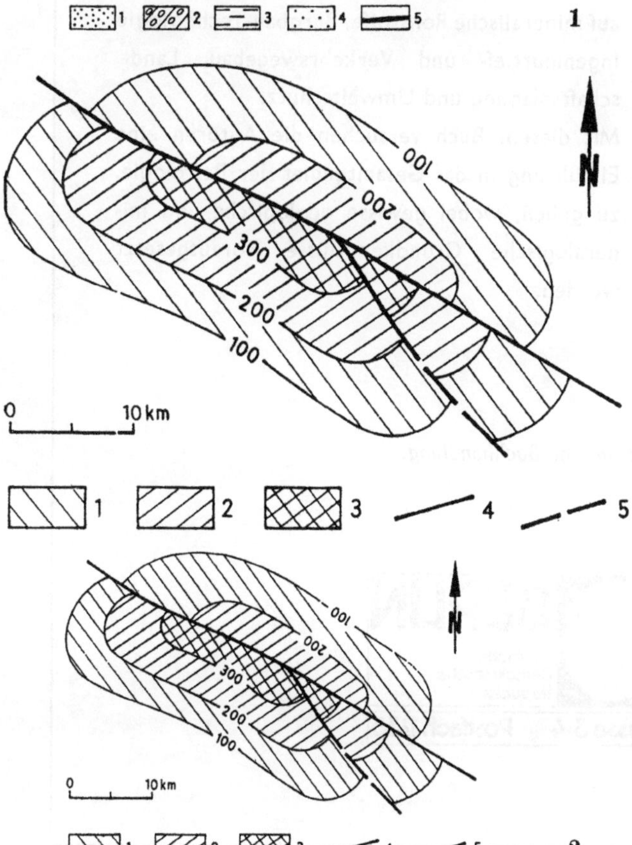

2

Baltischer Schild, Harz, DDR

Elbtalzone, Berlin, NW – SE

Oberhofer Mulde, Hainicher Schichten, Ilmenau, Temperatur in °C

Muhlenfließ, karbonatisch, verfüllt, 0 – 50 km, P_{max}

Baltischer Schild, Harz, DDR

Elbtalzone, Berlin, NW – SE

Oberhofer Mulde Hainicher Schichten, Ilmenau, Temperatur in °C

Muhlenfließ karbonatisch verfüllt 0 – 50 km P_{max}

4

Bei Fragen zur Produktsicherheit wenden Sie sich bitte an:
If you have any questions regarding product safety,
please contact:

Walter de Gruyter GmbH
Genthiner Straße 13
10785 Berlin
productsafety@degruyterbrill.com